U0192170

斯坦的加法

慧◎译

图书在版编目（CIP）数据

数学不烦恼. 从数和运算到爱因斯坦的加法 /（韩）郑玩相著；（韩）金慜绘；章科佳，王文慧译. —上海：华东理工大学出版社，2024.5

ISBN 978-7-5628-7362-4

Ⅰ. ①数… Ⅱ. ①郑… ②金… ③章… ④王… Ⅲ. ①数学－青少年读物 Ⅳ. ①O1-49

中国国家版本馆CIP数据核字（2024）第079591号

著作权合同登记号：图字09-2024-0145

중학교에서도 통하는 초등수학 개념 잡는 수학툰 4: 수와 연산에서 아인슈타인의 덧셈까지
Text Copyright © 2021 by Weon Sang, Jeong
Illustrator Copyright © 2021 by Min, Kim
Simplified Chinese translation copyright © 2024 by East China University of Science and Technology Press Co., Ltd.
This simplified Chinese translation copyright arranged with SUNGLIMBOOK through Carrot Korea Agency, Seoul, KOREA
All rights reserved.

策划编辑 / 曾文丽
责任编辑 / 张润梓
责任校对 / 金美玉
装帧设计 / 居慧娜
出版发行 / 华东理工大学出版社有限公司
地址：上海市梅陇路 130 号，200237
电话：021－64250306
网址：www.ecustpress.cn
邮箱：zongbianban@ecustpress.cn
印　　刷 / 上海邦达彩色包装印务有限公司
开　　本 / 890 mm × 1240 mm　1 / 32
印　　张 / 4.5
字　　数 / 80 千字
版　　次 / 2024 年 5 月第 1 版
印　　次 / 2024 年 5 月第 1 次
定　　价 / 35.00 元

版权所有　侵权必究

理解数学的思维和体系，
发现数学的美好与有趣！

《数学不烦恼》系列丛书的内容构成

数学漫画——走进数学的奇幻漫画世界

漫画最大限度地展现了作者对数学的独到见解。

学起来很吃力的数学，原来还可以这么有趣！

知识点梳理——打通中小学数学教材之间的“任督二脉”

中小学数学的教材内容是相互衔接的，本书对相关的衔接内容进行了单独呈现。

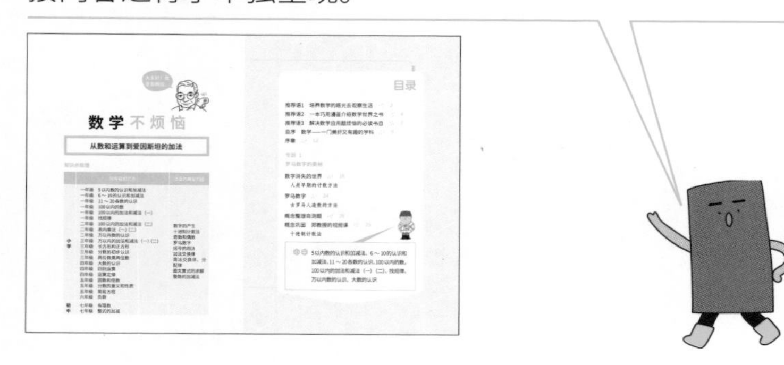

数学不烦恼

从数和运算到爱因斯坦的加法

	年级	内容
小学	一年级	5以内数的认识和加减法
	一年级	6～10的认识和加减法
	一年级	11～20各数的认识
	一年级	100以内的数
	一年级	100以内的加法和减法（一）
	一年级	找规律
	二年级	100以内的加法和减法（二）
	二年级	表内乘法（一）（二）
	二年级	万以内数的认识
	三年级	万以内的加法和减法（一）（二）
	三年级	长方形和正方形
	三年级	分数的初步认识
	三年级	两位数乘两位数
	四年级	大数的认识
	四年级	四则运算
	四年级	运算定律
	五年级	因数和倍数
	五年级	分数的意义和性质
	五年级	简易方程
	六年级	负数
初中	七年级	有理数
	七年级	整式的加减

数字的产生
十进制计数法
奇数和偶数
罗马数字
括号的用法
加法交换律
乘法交换律、分配律
图文算式的求解
整数的加减法

目录

5以内数的认识和加减法、6～10的认识和加减法、11～20各数的认识、100以内的数、100以内的加法和减法（一）（二）、找规律、万以内数的认识、大数的认识

概念整理自测题——测验对概念的理解程度

解答自测题，可以确认自己对书中内容的理解程度，书末的附录中还附有详细的答案。

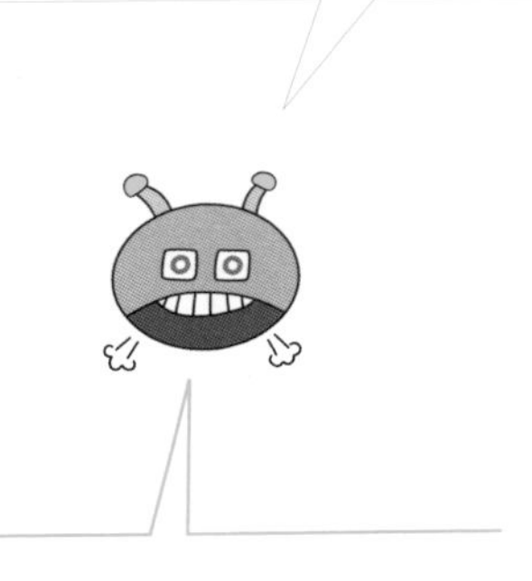

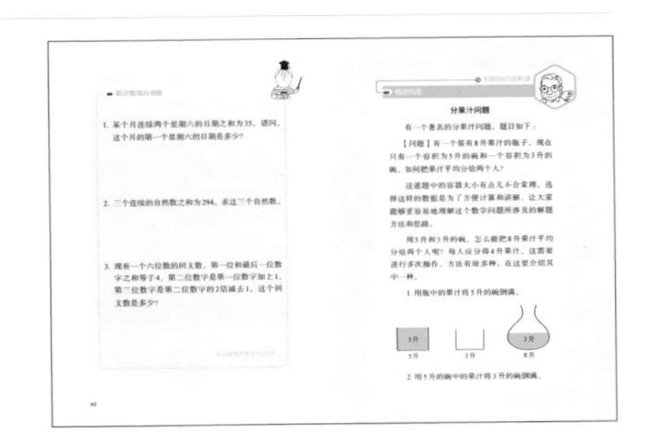

1. 某个月连续两个星期六的日期之和为35。请问，这个月的第一个星期六的日期是多少?

2. 三个连续的自然数之和为294。求这三个自然数。

3. 现有一个六位数的回文数，第一位和最后一位数字之和等于4，第二位数字是第一位数字加上1，第三位数字是第二位数字的2倍减去1。这个回文数是多少?

分果汁问题

有一个著名的分果汁问题，题目如下：

【问题】有一个装有8升果汁的瓶子，现在只有一个容积为5升的碗和一个容积为3升的碗。如何把果汁平均分给两个人?

这道题中的容器大小有点儿不合常理，选择这样的数据是为了方便计算和讲解，让大家能够更容易地理解这个数学问题所涉及的解题方法和思路。

用5升和3升的碗，怎么能把8升果汁平均分给两个人呢？每人应分得4升果汁，这需要进行多次操作。方法有很多种，在这里介绍其中一种。

1. 用瓶中的果汁将5升的碗倒满。

2. 用5升的碗中的果汁将3升的碗倒满。

郑教授的视频课——近距离感受作者的线上授课

扫一扫二维码，就能立即观看作者的线上授课视频。从有趣的数学漫画到易懂的插图和正文，从概念整理自测题再到在线视频，整个阅读体验充满了乐趣。

术语解释——网罗书中的术语

本书的“术语解释”部分运用通俗易懂的语言对一些重要的术语进行了整理和解释，以帮助读者更好地理解它们，达到和中小学数学教材内容融会贯通的效果。当需要总结相关概念的时候，或是在阅读本书的过程中想要回顾相关表述时，读者都可以在这一部分找到解答。

术语解释

0既不属于正整数，也不属于负整数。0可以用来表示“空”或什么都没有，还可以用来表示起点或基准点。它被认为是对人类文明发展影响最大的数字之一。在阿拉伯数字中，相比1到9，0的出现稍晚一些。

爱因斯坦（Albert Einstein，1879—1955），物理学家。在物理学多个领域均有重要贡献。1905年建立了狭义相对论。狭义相对论总结了他对时间、空间和光的观点。这是一种时间和空间会根据观察者的不同状态而发生改变的理论，简单来说，就是状态不同，观察者感受到的时间也不同。在1905年，爱因斯坦发表了数篇意义非凡的论文，因此科学界将1905年称为“爱因斯坦奇迹年”。1916年，他又提出了广义相对论，这是对狭义相对论的发展。相对论的观念和方法对理论物理学的发展有极深刻的影

122

术语解释

响。爱因斯坦还提出了光的量子概念，并用量子理论解释了光电效应等。因为理论物理学方面的贡献，特别是发现了光电效应定律，他于1921年获得了诺贝尔物理学奖。

两个数的和与一个数相乘，可以先把它们与这个数分别相乘，再相加。

两个数相乘，交换乘数的位置，积不变。

将一个自然数用质数的乘积来表示，就是分解质因数。

正整数前加上“-”的数被称为负整数。在负整数中，去掉符号后数越小，原数就越大。

123

数学不烦恼

从数和运算到爱因斯坦的加法

知识点梳理

	分年级知识点	涉及的典型问题
小学	一年级　5 以内数的认识和加减法 一年级　6 ～ 10 的认识和加减法 一年级　11 ～ 20 各数的认识 一年级　100 以内的数 一年级　100 以内的加法和减法（一） 一年级　找规律 二年级　100 以内的加法和减法（二） 二年级　表内乘法（一）（二） 二年级　万以内数的认识 三年级　万以内的加法和减法（一）（二） 三年级　长方形和正方形 三年级　分数的初步认识 三年级　两位数乘两位数 四年级　大数的认识 四年级　四则运算 四年级　运算定律 五年级　因数和倍数 五年级　分数的意义和性质 五年级　简易方程 六年级　负数	数字的产生 十进制计数法 奇数和偶数 罗马数字 括号的用法 加法交换律 乘法交换律、分配律 图文算式的求解 整数的加减法
初中	七年级　有理数 七年级　整式的加减	

目录

5以内数的认识和加减法、6～10的认识和加减法、11～20各数的认识、100以内的数，100以内的加法和减法（一）（二）、找规律、万以内数的认识、大数的认识

专题 2

自然数

小学　6～10的认识和加减法、表内乘法（一）（二）、大数的认识、因数和倍数

初中　整式的加减

专题 3

四则运算的法则

小学 四则运算、运算定律、简易方程、长方形和正方形、两位数乘两位数

初中 有理数、整式的加减

专题 4

回文数

小学 找规律、分数的初步认识、因数和倍数、分数的意义和性质

初中 整式的加减

专题 5

寻找爱因斯坦“加法”

小学 找规律、表内乘法（一）（二）、运算定律、简易方程

初中 整式的加减

专题 6

整数王国

 四则运算、负数

 有理数、整式的加减

专题 总结

附录

|推荐语1|

培养数学的眼光去观察生活

世界是由什么组成的呢？很多古代哲学家都对这一问题非常感兴趣，他们也分别提出了各自的主张。泰勒斯认为，世间的一切皆源自水；而亚里士多德则认为世界是由土、气、水、火构成的。可能在我们现代人看来，他们的这些观点非常荒谬。然而，先贤们的这些想法对于推动科学的发展意义重大。尽管观点并不准确，但我们也应当对他们这种努力解释世界本质的探究精神给予高度评价。

我希望孩子们能够抱着古代哲学家的这种心态去看待数学。如果用数学的眼光去观察、研究日常生活中遇到的各种现象，那么会是一种什么样的体验呢？如此一来，孩子们仅在教室里也能够发现许多数学原理。从教室的座位布局中，可以发现“行和列”；在调整座次、换新同桌时，就会想到“概率”；在组建学习小组时，又会联想到“除法”；在根据同班同学不同的特点，对他们进行分类的时候，会更加理解“集合”的概念。像这样，如果孩子们将数学当作观察世间万物的“眼睛”，那么数学就不再仅仅是一个单纯的解题工具，而是一门实用的学问，是帮助人们发现生活中各种有趣事物的方法。

而这本书恰好能够培养、引导孩子用数学的眼光观察这个世界。它将各年级学过的零散的数学知识按主题进行重新整合，把数学的概念和孩子的日常生活紧密相连，让孩子在沉浸于书中内容的同时，轻松快乐地学会数学概念和原理。对于学数学感到吃力的孩子来说，这将成为一次愉快的学习经历；而对于喜欢数学的孩子来说，又会成为一个发现数学价值的机会。希望通过这本书，能有更多的孩子获得将数学生活化的体验，更加地热爱数学。

中国科学院自然史研究所副研究员、数学史博士

郭园园

|推荐语2|

一本巧用漫画介绍数学世界之书

数字是人类创造的最好的抽象工具。这个工具与计算机相结合，开启了一个崭新的世界。在计算机领域中，1意味着“通电”，而0意味着“断电”。这种简单的对应关系就是开启如今人工智能时代的钥匙。“分类”的思想促成了这种简单的思维转变，即根据一定的标准进行归类。我们使用数字实际上就是运用了这种思想。将数字分为偶数和奇数就是一种分类，前者表示可以平均分配给两个人，而后者表示不可以。有些数字还具有一些特性，具体可阅读这本书附录中的论文，人们通过这些特性又可以发现新的规律。这便是探究数字的独特乐趣。

偶数 + 偶数 = 偶数

偶数 − 偶数 = 偶数

偶数 × 偶数 = 偶数

奇数 + 奇数 = 偶数

奇数 − 奇数 = 偶数

奇数 × 奇数 = 奇数

就像这样，不管尝试多少次，偶数之间相加、相减或相乘的结果总是偶数。通过这一特性，人们就可以轻松地在偶数集合中进行加法、减法或乘法运算。比如现在有一个玫瑰的集合，我们把不同的数字比作集合中不同颜色的玫瑰，把加法、减法或乘法运算比作杂交，黑玫瑰和红玫瑰杂交，得到的仍然是玫瑰，白玫瑰和黑玫瑰杂交，得到的也还是玫瑰。这意味着我们始终可以将集合中的玫瑰进行杂交，而不必担心杂交的结果会是其他的物种。阅读这本书有助于了解和学习基础运算逻辑，以探究数集的各种性质。

这套丛书中的《从因数、倍数和质数到费马大定理》介绍了自然数、因数、倍数、最大公因数、最小公倍数、质数等。正如我在那本书的推荐语中所写，人类用数字这一工具来描述对象，就可以在计量上达成共识，比如：

“质量”的大小

“长度”的长短

“面积”的多少
“体积”的大小
什么是“多”
什么是“少”

而这本书介绍了自然数、加减法、乘除法、自然数的四则混合运算、图文算式、整数及有理数等内容。

每本书的内容相互呼应，再次体现了这套丛书的优点。无论是读一本，还是读一整套，都可以简单快乐地学习数学。

漫画是最易于融入读者内心的表现形式。这套丛书就是运用数学漫画来帮助孩子们走进他们感觉最难进入的数学世界，以便他们能更好地理解数学的奥秘。

阅读时，你会很快学到各种数学规律，还会情不自禁地想与朋友们分享。在阅读这套丛书的过程中，你会发现自己完全沉浸在对数学规律的探索之中，就如同寻找散落的拼图一般。现在就翻开书，开始阅读吧！

韩国数学教师协会原会长

李东昕

| 推荐语 3 |

解决数学应用题烦恼的必读书目

很多学生觉得数学的应用题学起来非常困难。在过去，小学数学的教学目的就是解出正确答案，而现在，小学数学的教学越来越重视培养学生利用原有知识创造新知识的能力。而应用题属于文字叙述型问题，通过接触日常生活中的数学应用并加以解答，有效地提高孩子解决实际问题的能力。对于现在某些早已习惯了视频、漫画的孩子来说，仅是独立地阅读应用题的文字叙述本身可能就已经很困难了。

这本书具有很多优点，让读者沉浸其中，仿佛在现场聆听作者的讲课一样。另外，作者对孩子们好奇的问题了然于心，并对此做出了明确的回答。

在阅读这本书的过程中，擅长数学的学生会对数学更加感兴趣，而自认为学不好数学的学生，也会在不知不觉间神奇地体会到数学水平大幅度提升。

这本书围绕着主人公柯马的数学问题和想象展开，读者在阅读过程中，就会不自觉地跟随这位不擅长数学应用题的主人公的思路，加深对中小学数学各个重要内容的理解。书中还穿插着在不同时空转换的数学漫画，它使得各个专题更加有趣生动，能够激发读者的好奇心。全书内容通俗易懂，还涵盖了各种与数学主题相关的、神秘而又有趣的故事。

最后，正如作者在自序中所提到的，我也希望阅读此书的学生都能够成为一名小小数学家。

上海市松江区泗泾第五小学数学教师

徐金金

|自序|

数学

——一门美好又有趣的学科

数学是一门美好又有趣的学科。倘若第一步没走好，这一美好的学科也有可能成为世界上最令人讨厌的学科。相反，如果从小就通过有趣的数学书感受到数学的魅力，那么你一定会喜欢上数学，对数学充满自信。

正是基于此，本书旨在让开始学习数学的小学生，以及可能开始对数学产生厌倦的青少年找到数学的乐趣。为此，本书的语言力求通俗易懂，让小学生也能够理解中学乃至更高层次的数学内容。同时，本书内容主要是围绕数学漫画展开的。这样，读者就可以通过有趣的故事，理解数学中的重要概念。

数学家们的逻辑思维能力很强，同时他们又有很多“出其不意”的想法。当“出其不意”遇上逻辑，他们便会进入一个全新的数学世界。书中提出数和运算理论的数学家便是如此。本书内容包括加减乘除的性质、奇数和偶数的性质，以及正读、反读都一样的回文数等，还讲述了爱因斯坦定义新加法，从而创立相对论的故事。

除了小学和初中课本上的内容，这本书还讲解了很多甚至连高中教材都不曾涉及的知识，包括数和运算的有趣规律，这是因为我希望大家能够发散思维，利用数和运算进行各种有趣的研究。或许，你将来就会成为一名优秀的数学家或理论物理学家呢！

此书所涉及的中小学数学教材中的知识点如下：

小学：5以内数的认识和加减法、6～10的认识和加减法、11～20各数的认识、100以内的数、100以内的加法和减法（一）、找规律、100以内的加法和减法（二）、表内乘法（一）（二）、万以内数的认识、万以内的加法和减法（一）（二）、长方形和正方形、分数的初步认识、两位数乘两位数、大数的认识、四则运算、运算定律、因数和倍数、分数的意义和性质、简易方程、负数

初中：有理数、整式的加减

希望通过本书介绍的数和运算、奇数和偶数的性质、爱因斯坦的加法等内容，大家能够感受到运算的奥秘，并能够思考新的加法是如何改变科学的。希望

大家也能有所感悟，未来创立新的科学理论。

最后，希望通过这本书，大家都能够发现数学的美好和有趣，成为一名小小数学家。

韩国庆尚国立大学教授

郑玩相

我叫柯马，非常讨厌数学。特别是应用题，一想到就头疼。
只有50分?！你到底有没有在学习？
唉，不开心……
我为什么学不好数学啊？
唉……
咣当！
月亮旁边出现了一个新的月亮！
怎么会有两个月亮？！
咻——
你好呀，柯马！
你怎么会知道我的名字？！
!!

听说你因为数学而烦恼，我是来帮助你的！
来自数学星球的数学精灵
你要怎么帮我呢？
从现在开始，你将拥有神奇的魔法：可以跨越时空，穿梭于现实与幻想之间，去体验这个充满数学的世界！
啊！床自己飞起来了！
我是负责带你穿梭时空的百变“床怪”，我擅长图形与几何！
我是数学闹钟，你可以叫我“数钟”！
我擅长数和运算，让我来帮你提高数学！
相信我们就好啦！
向数学的奇幻世界出发！

人物简介

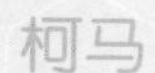

柯马

因数学不好而苦恼的孩子

充满好奇心的柯马有一个烦恼，那就是不擅长数学，尤其是应用题，一想到就头疼，并因此非常讨厌上数学课。为数学而发愁的柯马，能解决他的烦恼吗？

闹钟形状的数学魔法师

原本是柯马床边的闹钟。来自数学星球的数学精灵将它变成了一个会飞的、闹钟形状的数学魔法师。

数钟

床怪

穿越时空的百变鬼才

数学精灵用柯马的床创造了它。它与柯马、数钟一起畅游时空，负责其中最重要的运输工作。它还擅长图形与几何。

专题 1

罗马数字的奥秘

在没有数字的远古时代，人们是怎样计数的呢？本专题将介绍人类早期的各种有趣的计数方式，从约两万年前的伊塞伍德骨，以及澳大利亚原住民用于计数的单词“urapon”（表示“1”）、“ukasar”（表示“2”）开始，再到公元前3400年左右，古埃及人创造的象形数字，以及古罗马人创造的罗马数字。视频课中会谈谈现代人使用的十进制计数法。

打哈欠——
放羊娃柯马
到了早上，就要把羊群从羊圈里放出来。
第一天
呼啦啦啦
第二天
羊的数量好像越来越少了。
你数数不就知道啦。
一个数字也想不起来。
怎么回事？好像来到了数字消失的世界！
我把你们脑海里的数字都给删了！
我有一个好主意！晚上羊进圈的时候，每进去一只羊，就在地上画一道杠！
!!
第二天晚上
沙沙
沙沙
第三天早上
沙沙

缺一个X
模样的符号。
是少了一只
羊吗？
第三天晚上
到底发生了什么事呢？我倒要看看。
偷偷
摸摸
小偷
这只羊更
结实啊。
住手！
柯马！
嗖
啊！
摺倒
嗖！
嗖！
警察局
啊！
柯马！干
得漂亮！
因为画了杠，知道
羊变少了，所以才
能抓到小偷。
呜呜……
1448
罪名：偷羊贼

数字消失的世界

人类早期的计数方法

任务完成！你们创造了最初的数字！

我们没有创造数字啊……

没错。只是去了没有数字的世界而已。

那是一个想不起来任何数字的奇怪世界。

在很久很久以前，那个没有数字的时代，其实也需要计数，这是为了掌握部落人口是多了还是少了、自己养的羊有没有减少等。当时，人们在树上或者动物的骨骼上刻上细线，或者在绳子上打上结，以表示数量。20世纪50年代，比利时地理学家在非洲刚果发现了刻有细线的动物骨骼，据推测，这些骨骼有约两万年的历史。因为发现地叫作伊塞伍德，所以它们被称为“伊塞伍德骨”。

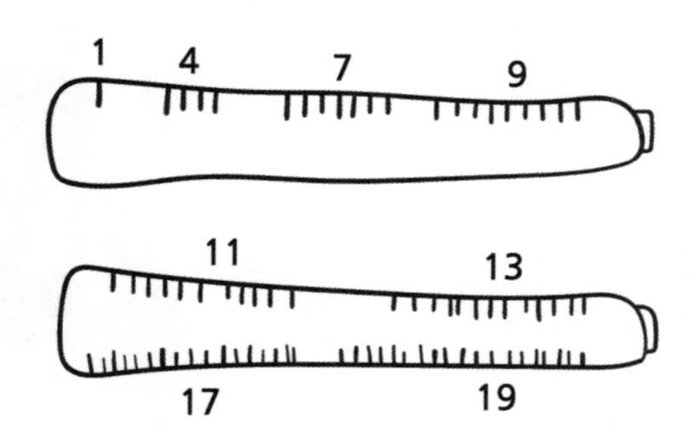

在动物的骨骼上刻线啊？真神奇。

这说明人类在创造出数字之前就已经找到了计数的方法。还有一个起源不详的说法是澳大利亚原住民在计数时，会使用“urapon”和“ukasar”两个单词。

urapon和ukasar？

urapon和ukasar，用这两个单词就能表示所有的数字吗？好神奇啊！

他们用表示1的urapon和表示2的ukasar来表示所有的数。例如：

1——urapon

2——ukasar

3——ukasar-urapon

4——ukasar-ukasar

5——ukasar-ukasar-urapon

6——ukasar-ukasar-ukasar

原来如此。

urapon是1，ukasar是2，所以3是“ukasar-urapon”，有点儿2加1的意思。

没错。古人还会利用自己的身体来表示数。

怎么表示？

先用一只手的拇指到小指依次表示1到5；再沿着同侧的手臂从6数到11，如手腕表示6，肘表示8，肩表示10等；然后沿着同侧的脸部到鼻子从12数到14，如眼睛表示12，耳朵表示13，鼻子表示14；最后沿着另一侧的脸部和手臂从15数到27。

哎哟！好难啊。我得想很久，才能知道身体哪个部位具体指什么数字。

哇！它们像暗号一样，好复杂啊。除了这些，难道就没有人创造数字吗？

有呀。最早创造数字的是古埃及人。公元前3400年左右，古埃及人创造了一系列象形数字来表示

1

10

100

1 000

10 000

100 000

1 000 000

1，10，100，1 000，10 000，100 000，1 000 000等，他们已经可以用这些象形数字表示很大的数了。

表示1的象形数字是一根棍子，那么2到9该怎么表示呢？

这样画就行了。

1	|
2	||
3	|||
4	||||
5	|||||
6	||||||
7	|||||||
8	||||||||
9	|||||||||

表示10的象形数字有什么意义呢？好像是把英文字母“U”倒过来了。

10是形似脚跟处骨头的符号。

20是两个10合在一起，所以变成∩∩了。那么93用∩∩∩∩∩∩∩∩∩|||表示就可以了。

表示100，1 000，10 000，…的象形数字有什么意义呢？这些象形数字看起来不是数字，而是图画，那画的又是什么呢？

表示100的象形数字像卷轴，表示1 000的象形数字像荷花，表示10 000的象形数字像手指，表示100 000的象形数字像青蛙，表示1 000 000的象形数字像举起双手的人。

这些象形数字真有趣啊！

这些符号太神奇了。古埃及人的计数方法竟这么有趣。

有需求，您说话
××跑腿中心
我父母把留给我的财产放在了保险柜里，但我打不开它。
去现场看看吧！
侧面好像有什么东西？
这儿有字。
密码如下
密码如下：
Mom, Drive Car Lying In Vase（妈妈，开花瓶里的车）
密码是四位数。只能输入三次，超过次数的话，保险柜就会爆炸。
“妈妈，开花瓶里的车”，这是什么意思？
??
??
嗯……如果把小写字母都去掉的话，就剩下MDCLIV了，所以按一下“1654”吧！
哔哔
吱呀呀！
哇！
!!!
××慈善机构
我过来捐款！
!!
捐款处

罗马数字

古罗马人造数的方法

数钟！你怎么知道数学漫画里保险柜的密码是“1654”？

这个数字是古罗马人创造的罗马数字。

罗马数字？

罗马数字中，1记作I，2记作II，3记作III。

那4就是IIII吗？

不是。要想知道4用罗马数字怎么写，先得了解一下5用罗马数字是怎么写的。古罗马人创造了表示5的新符号，记作V。

是表示胜利的V吗？

不是那个意思。手指有5根，如果全部张开，就会变成V字形。

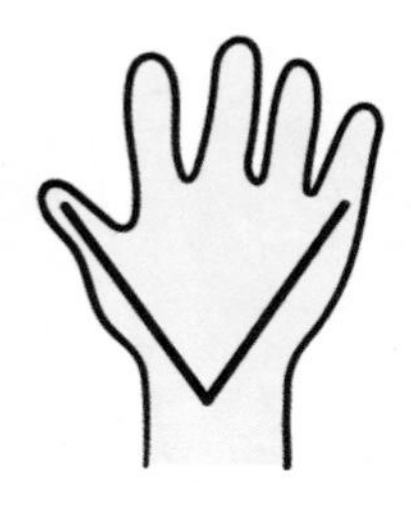

那4呢？

据说古罗马人不喜欢像IIII这样把同一个符号重复四次，所以为了表示4，他们使用了减法。因为4比5小1，所以在表示5的V前面写上表示1的I，作为4，4就记作IV。

原来是把5－1＝4写成了IV啊。

是的，就是这样。

如果用罗马数字表示6，6＝5＋1，所以就是VI；而7＝5＋2，所以7用罗马数字表示就是VII；而8＝7＋1，所以8用罗马数字表示就是VIII。

9＝8＋1，这样推理下去的话，9用罗马数字表示应该是VIIII，但正如4不用4个I。所以要表示9的话，应该借助表示10的符号吧？

对！人有10根手指，把两个手腕靠在一起可以形成如下形状。所以表示10的符号是X。

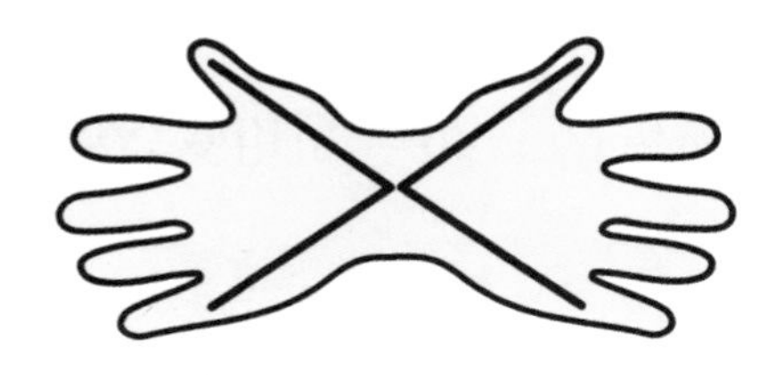

那么，由于9比10小1，因此9是IX吧。因为4就

是用比5小1的方式来表示的，对吧？

没错，柯马！ 9记作IX。

那么从11到14就可以这样表示：11是XI，12是XII，13是XIII，14是XIV。

那么比10，20更大的数字该如何表示呢？比如50，100，1 000，…。

更大的数字当然也可以表示啦。它们使用如下罗马数字：L表示50，C表示100，D表示500，M表示1 000。那么40该怎么表示呢？

是XXXX吗？

应该不是吧。不是说罗马人不会使用同样的符号超过三次吗？我觉得40应该是50减去10，把表示10的符号写在表示50的符号前面就可以了。40记作XL吧？

是的！ 40就是XL。

那60比50大10，所以60是LX吧。

有意思。所以60 − 40 = 20用罗马数字表示，就是LX − XL = XX了。

没错。你们两个都很棒。

知道了这些后，数学漫画中保险柜的密码也

就不言自明了。英文单词的首写字母连起来是“MDCLIV”，其实就是罗马数字。也就是说 MDCLIV = M + D + C + L + IV = 1 000 + 500 + 100 + 50 + 4 = 1 654。

没错，把罗马数字换算成阿拉伯数字，就得到了密码。

⯮ 概念整理自测题

1. 用“urapon”和“ukasar”表示8。

2. 用古埃及人的象形数字表示1 996。

3. 用罗马数字表示29。

※自测题答案参考113页。

十进制计数法

每相邻两个计数单位之间的进率都是十的计数方法叫作十进制计数法。比如，342这样用十进制计数法表示的数称为十进制数。十进制数的每个数位上的数都是从0到9中的数字。

现在让我们来了解一下十进制数的展开式。以342为例，它的百位数是3，十位数是4，个位数是2。100，10，1分别是各个数位的值。

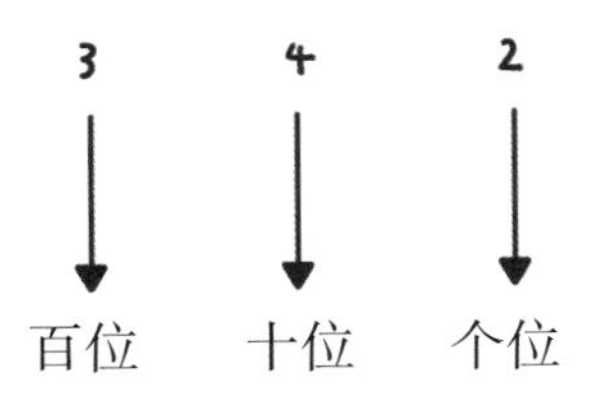

$342 = 300 + 40 + 2$，可以写作如下式子：

$$342 = 3 \times 100 + 4 \times 10 + 2 \times 1$$

这就是342的十进制展开式。

扫一扫前勒口二维码，立即观看郑教授的视频课吧！

专题 2

自然数

自然数是什么？自然数的含义是“0和大于0的整数，如0，1，2，3，4，5，…”。本专题将详细介绍自然数的概念，读完后，你可以很容易地看出哪些数是自然数。另外，你会了解0也是自然数。在视频课中，我们还会证明自然数的个数是无限的。希望你读完这一专题后，也能够像数学家们一样证明它。

突然头好晕。
我也是。
好像被吸进数学漫画里了。
这是哪里呀？
时间和空间发生了扭曲，我们好像被困在了一个奇怪的地方。
发生了什么？睡一觉起来就到这里了。
嘶嘶
啊啊
墙是不是渐渐逼近了！
3×3×3×3×3×3×3×3×3×3×3×3×3×3的个位数是多少？
看那边！有两个按钮！
10秒
沙漏
有个沙漏，我们要在10秒之内按下按钮。
10秒
可是10秒之内怎么才能算出这个算式的答案呢？
嘶嘶
越来越近了！
×3×3×3×3的个位数是多少？
嘀
柯马！按1！

嗖
3×3×3×3×3
×3×3×3×3
走吧！
墙上的门开了！
这又是什么
房间？
坐下吧！
嘀
出现了一
道题！
4ⓜ1ⓜ3ⓜ2ⓜ2 = □
4ⓜ0ⓜ2ⓜ3ⓜ1 = △
3ⓜ1ⓜ4ⓜ3ⓜ0 = ☆
请说出百位数是□，十
位数是△，个位数是
☆的数字。
冥思
苦想
咔嗒
咔嗒
4ⓜ1ⓜ3ⓜ2ⓜ2 = □
咔
嗒
201！
嘀
去下一个房
间看看吧！
墙上的门又
开了！
嘀
从这个门
出去
回家
看那边！
啊！地裂开
了！
咔嚓
咔嚓
哔哔，我是守
护数学魔方的
机器人。
和我玩游戏，如果
你们赢了，这里的
地面就会抬升，把
你们送到门外。
哔哔
哔哔

一次说一个数字或两个连续的数字，数到16的人就输。我先来吧！ 1！
玩什么游戏？
2，3！
4，5！
6！
7！
8，9！
10，11！
12！
……
13！
14，15！
16！我输了……
终于能出去了！
从这个门出去回家
成功逃脱！

逃出数学魔方！

奇数、偶数以及自然数

我们今天要学习的主题是自然数。

也就是自然的数？

可以这么说。自然数是指0和大于0的整数，即0，1，2，3，4，5，6，7，8，…。

0也是自然数吗？

当然。一个物体也没有，就用0表示。自然数可以分为偶数和奇数。偶数是指是2的倍数的数，即能被2整除的数，如2，4，6，8，…。0也是偶数。

奇数是指不是2的倍数的数，即不能被2整除的数。

没错。除以2余1的数是奇数，如1，3，5，7，9，…。偶数有一个有趣的性质，即所有的偶数都可以用2×□表示，此时□依次代入1，2，3，4，…就可以表示所有的偶数。

我来试试吧。2＝2×1，4＝2×2，6＝2×3，8＝2×4……

那奇数怎么表示呢？

用2×□－1表示即可。这时将1，2，3，4，…依次代入□，就可以表示所有的奇数。

这回换我来试试。$1=2\times1-1$，$3=2\times2-1$，$5=2\times3-1$，$7=2\times4-1$……真是这样呢。

奇数和偶数还有其他有趣的性质。

是什么呢?

奇数和奇数相加，总是会得到一个偶数。

$1+3=4$，4是偶数，$11+13=24$，24也是偶数，的确如此。

偶数和偶数相加，也会得到一个偶数。

没错。那如果是偶数和奇数相加呢?

偶数和奇数相加会得到奇数。

这些性质很重要，一定要记住。

你是怎么那么快就知道数学魔方里$3\times3\times3\times3\times3\times3\times3\times3\times3\times3\times3\times3$的个位数是1的?

同样的数相乘很多次时，乘积的个位数是有规律。比如：

$$3$$

$$3\times3=9$$

$$3\times3\times3=27$$

$3\times3\times3\times3=81$

$3\times3\times3\times3\times3=243$

$3\times3\times3\times3\times3\times3=729$

$3\times3\times3\times3\times3\times3\times3=2\ 187$

$3\times3\times3\times3\times3\times3\times3\times3=6\ 561$

现在只写出个位数。

3，9，7，1，3，9，7，1。啊！ 3，9，7，1反复出现。

多个3相乘时，乘积的个位数就遵循以上规律。而数学魔方里第一个房间的题目是求12个3相乘的个位数。依据多个3相乘个位数的规律就是3，9，7，1，3，9，7，1，3，9，7，1，便能知道12个3相乘的积的个位数就是1。

那么，第二个房间题目的答案为什么是201呢？

那个问题很有意思。自然数可以分为偶数和奇数，也可以分为以下三种数。当自然数除以3时，根据其余数可以分成以下三类：

除以3余0的数：3，6，9，12，15，…

除以3余1的数：1，4，7，10，13，…

除以3余2的数：2，5，8，11，14，…

自然数除以3的余数有0，1或2。

没错。如果余数为0，我们称之为“整除”。看第二个房间的题目。

4ⓜ1ⓜ3ⓜ2ⓜ2 = □

4ⓜ0ⓜ2ⓜ3ⓜ1 = △

3ⓜ1ⓜ4ⓜ3ⓜ0 = ☆

算式中使用的数字只有0，1，2，3，4吧？

是啊。

所以我认为新运算“ⓜ”与自然数除以5的余数有关，而且4ⓜ1是4与1的和除以5的余数。

是0吗？

没错。4ⓜ 1= 0，可得4ⓜ1ⓜ3ⓜ2ⓜ2 = 0ⓜ3ⓜ2ⓜ2，而0与3的和除以5，余数是3，即0ⓜ3 = 3，这样0ⓜ3ⓜ2ⓜ2 = 3ⓜ2ⓜ2。继续观察，可得3ⓜ2 = 0，即3ⓜ2ⓜ2 = 0ⓜ2 = 2。

第二个数是4ⓜ0ⓜ2ⓜ3ⓜ1 = 4ⓜ2ⓜ3ⓜ1 = 1ⓜ3ⓜ1 = 4ⓜ1 = 0。

第三个数是3ⓜ1ⓜ4ⓜ3ⓜ0 = 4ⓜ4ⓜ3ⓜ0 = 3ⓜ3ⓜ0 = 1ⓜ0 = 1。

最终得出了答案201。

数钟，在第三个房间和机器人的游戏，你也很有信心吗？要是你输了，我们可就回不了家了。

这个游戏的秘诀在于，只要机器人先数数，我就一定会赢。

那是为什么呢？

我利用了自然数除以3的余数。

这是什么意思啊？给我解释一下。

游戏规定，先数到16的人输，而数字只能说一个或两个。想想看，16除以3余数是多少呢？

由于$16 = 3 \times 5 + 1$，因此16除以3，余数就是1。

所以机器人说一个数，你就说两个；机器人说两个数，你说一个就可以了。

如果机器人一开始说1，2，我说3就可以了。

没错。这样的话，机器人说的数字个数和你说的数字个数之和就是3。通过这种方式继续玩下去，最后只能由机器人先说出16。

哇！原来这是一个必胜的游戏啊！

⏵⏵⏵ 概念整理自测题

1. 283×337的积的个位数是多少？

2. 奇数和奇数的乘积是奇数还是偶数？

3. 被3除余1的自然数和被3除余2的自然数之和，再被3除的余数是多少？

※ 自测题答案参考114页。

自然数的个数是无限的

有限意味着“有尽头”，无限意味着“没有尽头”。由于相邻两个自然数的差为1，因此可以不断生成比之前的数大1的数，易知自然数是无限的。但这仅是个人的感觉，不是证明过程。

我们来试着证明一下自然数的个数是无限的吧。本次证明将利用“双重否定”的逻辑，也就是说，否定之否定即肯定。

我们要证明“自然数的个数是无限的”，不妨假设“自然数的个数不是无限的”，如果出现矛盾，即前后不一致的情况，就说明我们的假设是错误的，即“自然数的个数是无限的”。

假设自然数的个数不是无限的，即存在最大的自然数。我们把最大的自然数设为N吧。当一个值不能用具体的数表示时，数学家们就会用字母来表示。即使是最大的自然数，我们也可以通过加1来得到一个更大的自然数。也就是说，$N+1$也是自然数。此时$N+1$比N大，而且$N+1$是自然数，所以N是最大自然数的假设不成立。这是由于我们假设错误而产生的矛盾。因此，不存在最大的自然数，即自然数的个数是无限的。

这个命题本来就是理所当然的，但我们给出了证明。证明理所当然的命题是数学家的使命。让我们一起用简单但正确的逻辑来进行思维训练吧，这有助于提高大家的数学推理能力。

扫一扫前勒口二维码，立即观看郑教授的视频课吧！

专题 3

四则运算的法则

本专题首先将介绍加法交换律和乘法交换律。加法交换律就是两数相加，交换加数的位置，和不变；乘法交换律就是两数相乘，交换乘数的位置，积不变。接着，本专题会介绍用于加法、乘法快速混合运算的乘法分配律。然后，将讲述在1秒内快速进行乘法运算的神奇方法。这是一种非常有趣的方法，但只有在特殊情况下才能使用。本专题的最后，还会揭秘一个震惊四座的数学魔术。

穷人村
富人村
去穷人村看看吧！
看看他们！
好渴……
好饿。
哇，一群乞丐！
帮帮这些孩子吧！
要想买吃的，就得有这个国家的货币。
好可怜……
呜呜……
那是被禁止的。
用魔法制造点货币不行吗？
儿童数学大赛 第一名 奖金100万元
看那个！
我们参加吧！
儿童数学大赛
加油！
看我的！
哼！
穷人村代表
数钟
富人村女孩代表
娜娜
富人村男孩代表
阿才
每个人都有100分基本分，第一题为10分的图文题，请看题。
数学谜语
天上有地下无
云上有山上无
工人有农民无
老三有老六无
猜数字
请根据图中这首诗猜一个数字！

这是诗吗？好奇怪！
嗯，你好好想想。
仔细分析一下文字。
到底是几呢？
全都错了！正确答案是二。
是三吧。
记分牌
数钟
100
娜娜
100
阿才
100
深达2米的井里有一只蜗牛，它第一天往上爬60厘米，第二天下滑10厘米，如此循环往复。请问，这只蜗牛需要多少天才能逃离这口井？
阿才选手！
叮！
穷人村代表
数钟
富人村男孩代表
阿才
蜗牛一天爬60厘米，第二天又滑下去10厘米，这样就是两天爬50厘米。2米是50厘米的4倍，所以蜗牛会在8天后爬出去。
回答错误！
富人村男孩代表
阿才
我来回答！
叮！
穷人村代表
数钟
富人村女孩代表
娜娜
蜗牛6天内爬150厘米，第7天再爬60厘米就会爬到井外，所以答案是7天。
回答正确！
记分牌
数钟
100
娜娜
120
阿才
100
有一条长130厘米的绳子。把这条绳子分成两段，使得其中一段绳子比另外一段长30厘米。请问短绳的长度是多少厘米？
这道题的分值是30分！
数学漫画

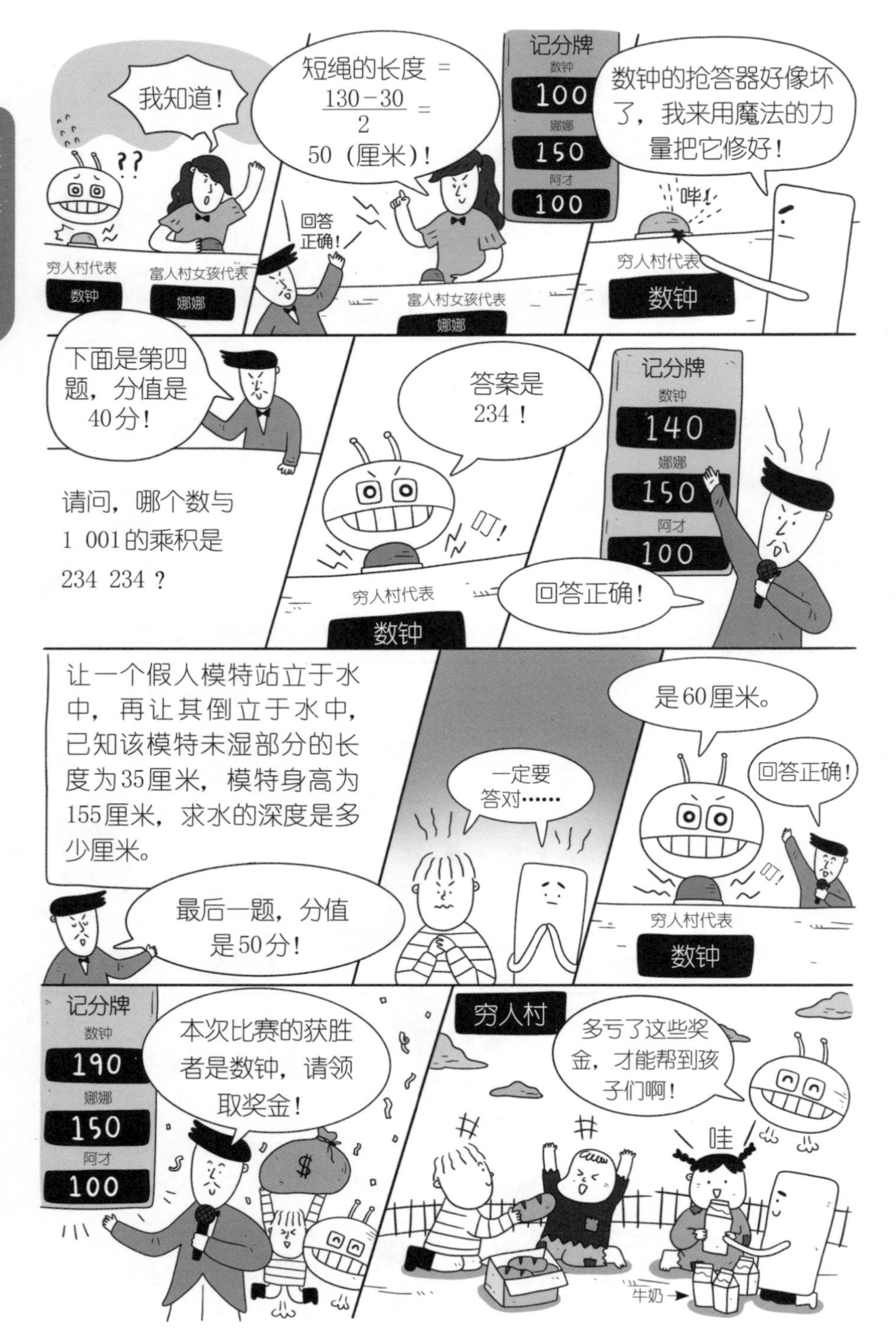

我知道！
??
短绳的长度 = $\frac{130-30}{2}$ = 50（厘米）！
回答正确！
记分牌
数钟
100
娜娜
150
阿才
100
数钟的抢答器好像坏了，我来用魔法的力量把它修好！
哔！
穷人村代表
数钟
富人村女孩代表
娜娜
下面是第四题，分值是40分！
请问，哪个数与1 001的乘积是234 234？
答案是234！
叮！
回答正确！
记分牌
数钟
140
娜娜
150
阿才
100
让一个假人模特站立于水中，再让其倒立于水中，已知该模特未湿部分的长度为35厘米，模特身高为155厘米，求水的深度是多少厘米。
最后一题，分值是50分！
一定要答对……
是60厘米。
回答正确！
叮！
记分牌
数钟
190
娜娜
150
阿才
100
本次比赛的获胜者是数钟，请领取奖金！
$
穷人村
多亏了这些奖金，才能帮到孩子们啊！
哇
牛奶

拯救穷人村

加法交换律、乘法交换律和乘法分配律

我们使用的基本算术运算有四种，统称四则运算。

你是说加法、减法、乘法和除法吗？

没错，其中加法和乘法有一些性质非常有趣。

什么性质？

3 + 8等于多少？

这个简单，是11。

那么8 + 3是多少？

也是11。

在加法中，两个加数互换位置，和不变。比如3 + 8 = 8 + 3，这个叫作加法交换律。

乘法呢？

3 × 8是多少？

3 × 8是24。

8 × 3是多少？

8 × 3也是24。

在乘法中，两个乘数互换位置，积不变。比如 $3\times8=8\times3$，这叫作乘法交换律。还有一个乘法分配律，它是一种加法和乘法混合运算中的快速计算方法。计算一下，$5\times(2+9)$ 是多少？

先算括号内的，所以 $5\times(2+9)=5\times11=55$。

这次计算一下 $5\times2+5\times9$。

要先计算乘法，$5\times2=10$，$5\times9=45$；所以 $5\times2+5\times9=10+45=55$。咦？结果一样。

这叫作乘法分配律，即 $5\times(2+9)=5\times2+5\times9$。我们也可以用图形来进行说明。把 $5\times(2+9)$ 看作长为 $2+9$，宽为5的长方形的面积。如图所示，这个长方形的面积等于宽为2，长为5的长方形的面积和长为9，宽为5的长方形的面积之和。

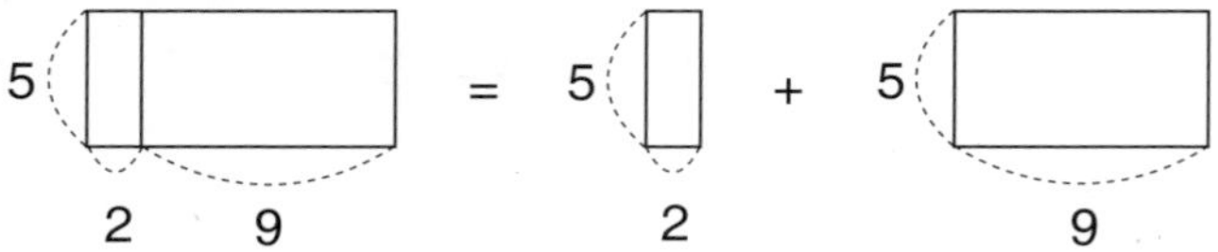

看图非常直观。

数学漫画最后一道题的答案为什么是60厘米？

假人模特被水浸湿的部分就是水的深度。也就是说，站立时湿的长度是水的深度，倒立时湿的长度也是水的深度。设水的深度为□，然后列式计算即可。站立时湿的部分、没有湿的部分，以及倒立时湿的部分都加起来的话，就是假人模特的身高，即□ + 35 + □ = 155。

那怎么求□呢？

把等式的两边都减去35，可得□ + □ = 120。即水的深度加两次是120，所以水的深度是60厘米。

原来这么简单啊。

快速相乘法

一秒巧解乘法

要不要见识一下一秒完成乘法运算的方法？

真的吗？还有这种魔术般的方法吗？

这种方法只有在特殊情况下才能使用，并不适用于所有乘法运算，不过也是值得一试的。

那就试试吧。

一秒计算 74 × 76，答案就是 5 624。

哇！怎么算的？

74和76的十位数相等，个位数之和是10。这时，在前面写上十位数7和7 + 1的值——8的积56，后面写上个位数的积24，即为答案。

哇！好神奇。

这次换一个。计算93 × 96，答案就是8 928。

个位数相加不是10啊？

当两个两位数的十位数都是9时，有另一种方法快速求解。

怎么算呢？

把两个乘数写在上面，把100与它们的差写在下面，接着用原来的数减去对角线方向上的数。

93　96

7　4

那不是有两个算式吗？ 93 − 4和96 − 7。

结果都是一样的。

真的都是89。

93 × 96，两数乘积的前两位是刚才求得的89，后两位是100与两数之差的乘积——7 × 4 = 28，所以最终结果是8 928。

真是太神奇了，还有别的例子吗？

当然了。还有一种快速计算接近1 000的两数乘积的方法。比如，我们来快速求解998×997。先算两数相加是多少？

1 995。

去掉最前面的1。

那就是995。

在后面加上000。

那就是995 000。

998和997到1 000分别还差多少？

分别还差2和3。

这两数相乘的积是多少？

是6。

把这一结果与995 000相加。

变成995 006了。

这就是答案。

哇！真是惊呆了。

有趣的运算

数学魔术

这次告诉你一个有趣的运算。把7，11，13三个数相乘。

$7 \times 11 \times 13 = 1\ 001$。

然后再乘任意一个三位数。

1 001乘234，答案是234 234。

1 001乘785，答案变成了785 785。

嗯？三位数重复出现了。

为什么会这样？

简单。按乘法分配律整理一下就知道了。

$$\begin{aligned} & 234 \times 1\ 001 \\ = & 234 \times (1\ 000 + 1) \\ = & 234 \times 1\ 000 + 234 \times 1 \\ = & 234\ 000 + 234 \\ = & 234\ 234 \end{aligned}$$

哇！真有意思。

这次表演一个数学魔术！随便说个三位数，但个位数不能是0。

387。

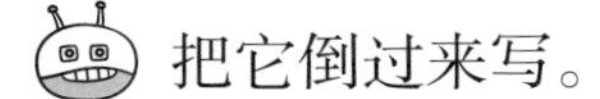

把它倒过来写。

783。

然后大数减小数。

783 − 387 = 396。

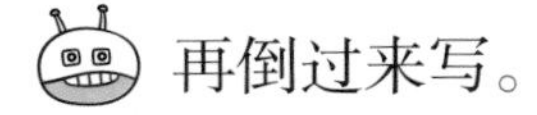

再倒过来写。

693。

把两数相加。

396 + 693 = 1 089。

按照这种方式，任意一个三位数最终都会得到1 089这个结果。

什么？怎么可能？！

我来试试。我选691。

把它倒过来写。

196。

大数减小数。

691 − 196 = 495。

再倒过来写。

是594。

两数相加。

495 + 594 = 1 089。

怎么样？依然是1 089吧？

真是一个神奇的魔术啊，得在其他人面前显摆一下。

我也是！大家都会觉得很神奇的。

概念整理自测题

1. 柯马前往离家3 700米的百货商店，在离家890米的地方折返，往回走到离家450米的地方后，再次前往百货商店。请问：柯马实际行走的总距离是多少米？

2. 利用快速相乘法计算87×83。

3. 利用快速相乘法计算92×96。

※ 自测题答案参考115页。

揭秘1 089魔术

设一个三位数的各位上的数分别为a，b，c，则这个三位数可以表示为$100\times a+10\times b+c$，此数倒写可得$100\times c+10\times b+a$。不妨设a大于c，则两数之差P如下：

$$
\begin{aligned}
P&=(100\times a+10\times b+c)-(100\times c+10\times b+a)\\
&=99\times a-99\times c\\
&=99\times(a-c)\\
&=100\times(a-c)-(a-c)
\end{aligned}
$$

式中，$a-c$为正，可写作$P=100\times(a-c)-10+10-(a-c)$；其中$10-(a-c)$为个位数。

继续变换：

$$
\begin{aligned}
P&=100\times(a-c)-100+100-10+10-(a-c)\\
&=100\times(a-\mathrm{c}-1)+9\times 10+10-a+c
\end{aligned}
$$

故此数是一个百位数为$a-c-1$、十位数为9、个位数为$10-a+c$的三位数。

倒写后，可得

$$Q = 100 \times (10 - a + c) + 9 \times 10 + a - c - 1$$

故两数之和为$P + Q = 100 \times 9 + 180 + 9 = 1\,089$。可见，这个结果与三位数的各位上的数$a$，$b$，$c$无关。

扫一扫前勒口二维码，立即观看郑教授的视频课吧！

专题 4

回文数

本专题将介绍回文数。无论正着读还是倒着读，结果相同的单词、句子或数字,被称为“回文”,比如英语单词“eye”就是回文，中文“上海自来水来自海上”“蜜蜂酿蜂蜜”,数字“12321”“959”也都是回文。另外，本专题还介绍了将非回文数转换为回文数的方法。

今天学习的
主题是什么？
回文数。
那是什么？
先出
发吧。
数字魔法学校发
来了邀请函！
来自：数字魔法学校
请在$9\frac{1}{2}$站台乘坐
火车。
我们走吧！
!!
9
10
没有$9\frac{1}{2}$站台
啊……
$9\frac{1}{2}$是9和10的平均数，也就是9和10加在一起除以2，所以就是两个站台中间。
9
10
呜呜——
呜呜——
从柱子里开出
了一列火车！
快上车吧！
呜呜——
呜呜——
数字魔法学校
到了！
停车——
这里是宿
舍呀！
还贴着
告示？
请按提示输入密码。密码是一个五位数的回文数，第一位和最后一位数字加起来等于8，第二位数字是4，中间数字是第一位数字减去1，密码是多少？
开个门还这
么复杂？
密码是44344。
哔！
哔——
打开了！
嘀嘀——

哇！
第二天

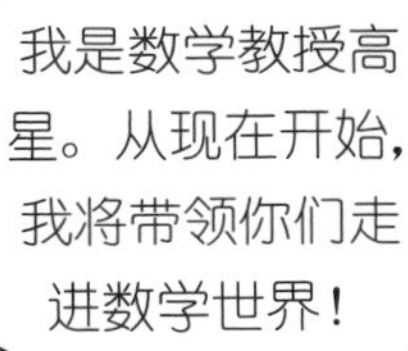

高星教授
我是数学教授高星。从现在开始，我将带领你们走进数学世界！
你们三人一组，组成两队进行比赛，我要选出最棒的数学小分队。

数字魔法学校

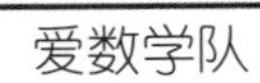
爱数学队

天才队

加油！
他们队居然是一张床、一个闹钟，还有一个小孩子！

来，每人一把魔法扫帚！
这里有方块、红桃、梅花、黑桃4种花色的扑克牌，分别写着从1到9的数字。

最先找到与我手上扑克牌相同花色和数字的飞球的队伍获胜。
我们怎么知道您的卡片是什么花色和数字？
我会给你们提示！

你们需要找到的飞球：先将飞球上的数字乘5，加1后再乘2；接着，花色若是黑桃，则加6，方块则加7，红桃则加8，梅花则加9；然后，将得到的数减2；最后算出来的结果是37。

喷上魔法香水，你们就拥有了魔力！
喷洒
喷洒
喷洒
啊！
扫帚在抖动！
哇！
!!
啊啊啊！
咻——
啊
咻——
抓住了！
咻
咻

安全着陆！
哈！
抓住那飞球！
噔噔！
变成热气球了！
哇！
咻
我宣布，爱数学队获胜！
第三天
高星教授
教授今天怎么没来上课呢？
我们去他办公室看看吧。
7×4+2×3+4×2+6×3+6×3+5×3+6×1+2×1+7×4+8×1+3×2+7×3
1 2ABC 3DEF 4GHI 5JKL 6MNO 7PQRS 8TUV 9WXYZ
墙上和电话上写了字！
嗯……去校长室吧。
咦？
仔细看电话，7下面有四个字母，分别是P，Q，R，S。用数字表示，第一个字母P就是7×1，第二个字母Q就是7×2，第三个字母R就是7×3，第四个字母S就是7×4，所以7×4就是S。用同样的方法可知2×3代表C。以此类推，整段数字就表示“SCHOOL MASTER”，即校长！
校长室
进去吧！
那边的书架有点奇怪啊！
哗啦
打开了！
教授！
今日新闻
数学魔法学校的校长因嫉妒高星教授的数学才能，将其绑架，已被逮捕！

倒着读也一样?

回文数

数学漫画中，宿舍的密码为什么是44344?

你知道回文数是什么意思吗?

我知道！不管是正着读还是倒着读，结果相同的单词、句子或数字称为“回文”，其中符合回文规律的数字叫作回文数。

“eye”就是回文呢。

没错，中文里也有这样的例子，“上海自来水来自海上”“蜜蜂酿蜂蜜”就是回文。

简单来说就是正着念、倒着念都一样。

那这个五位数的第二位数字是4，所以第四位数字也是4。第一位和最后一位数字加起来等于8，因为第一位和最后一位数字也是一样的，而8 = 4 + 4，所以第一位和最后一位数字是4。而中间的数字是第一位数字减去1……

这个简单。4 − 1 = 3。

所以密码是44344!

没错。数学中还有将非回文数转换成回文数的方法呢。

怎么转换?

比如，56不是回文数吧?

当然了，56和65不一样。

把56倒着读就是65了吧? 把两个数相加。

56 + 65 = 121，就成了回文数。

56经过一次运算就成了回文数，而有些数需要经过多次运算才能成为回文数。从57开始吧。

我来试试，57 + 75 = 132。

132不是回文数吧? 用132再试一次。

132 + 231 = 363，成了回文数。

这是经过三次运算的情况。再看59，59 + 95 = 154，154 + 451 = 605，605 + 506 = 1 111，怎么样? 经过三次运算变成回文数了吧?

好神奇啊。

所有的数经过若干次运算都会变成回文数吗?

不是。数学家们认为，不管经过多少次运算，196都不会变成回文数。他们用计算机进行过许多许多次运算，196也没有变成回文数。但是，目前还无法完成数学上的证明。

我得证明一下。

拥有梦想是件好事，加油！

我也支持你！

数钟，我还对一个问题感到好奇，你怎么知道教授手中的扑克牌是方块3的？

我们假设教授手中扑克牌上的数为□，将这个数先乘5，加1后再乘2，就是2×（5×□+1）。然后根据花色加上不同的数，对吧？

是的。黑桃加6，方块加7，红桃加8，梅花加9。

我们假设所加的数为△，黑桃时△为6，方块时△为7，红桃时△为8，梅花时△为9。最后还要减去2，所以高星教授所说的数是

$$2\times(5\times\square+1)+\triangle-2$$

利用乘法分配律，可得$10\times\square+2+\triangle-2$，化简为$10\times\square+\triangle$。显然，这个数是一个两位数，其中十位数是□，个位数是△。教授说这个数字是37，所以$\square=3$，$\triangle=7$。

$\triangle=7$，花色就是方块；$\square=3$，数字就是3。

哇！下次我要让朋友们也试试！

我也是，我一定要在朋友们面前露一手！

数学中还有很多有趣的东西，以后多学习吧！

概念整理自测题

1. 某个月连续两个星期六的日期之和为35。请问，这个月的第一个星期六的日期是多少？

2. 三个连续的自然数之和为294。求这三个自然数。

3. 现有一个六位数的回文数，第一位和最后一位数字之和等于4，第二位数字是第一位数字加上1，第三位数字是第二位数字的2倍减去1。这个回文数是多少？

※ 自测题答案参考117页。

分果汁问题

有一个著名的分果汁问题。题目如下：

【问题】有一个装有8升果汁的瓶子，现在只有一个容积为5升的碗和一个容积为3升的碗。如何把果汁平均分给两个人？

这道题中的容器大小有点儿不合常理，选择这样的数据是为了方便计算和讲解，让大家能够更容易地理解这个数学问题所涉及的解题方法和思路。

用5升和3升的碗，怎么能把8升果汁平均分给两个人呢？每人应分得4升果汁，这需要进行多次操作。方法有很多种，在这里介绍其中一种。

1. 用瓶中的果汁将5升的碗倒满。

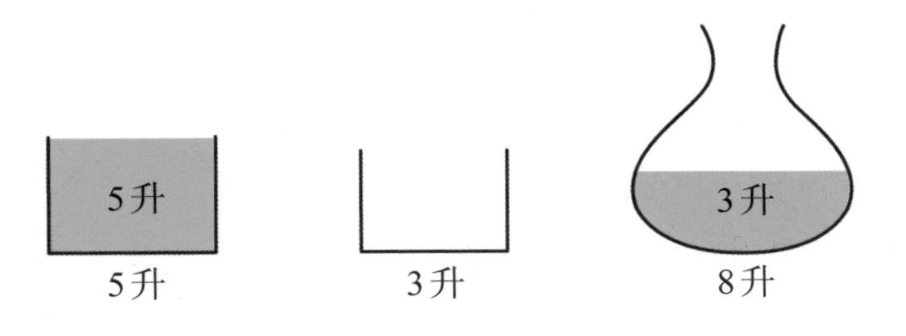

2. 用5升的碗中的果汁将3升的碗倒满。

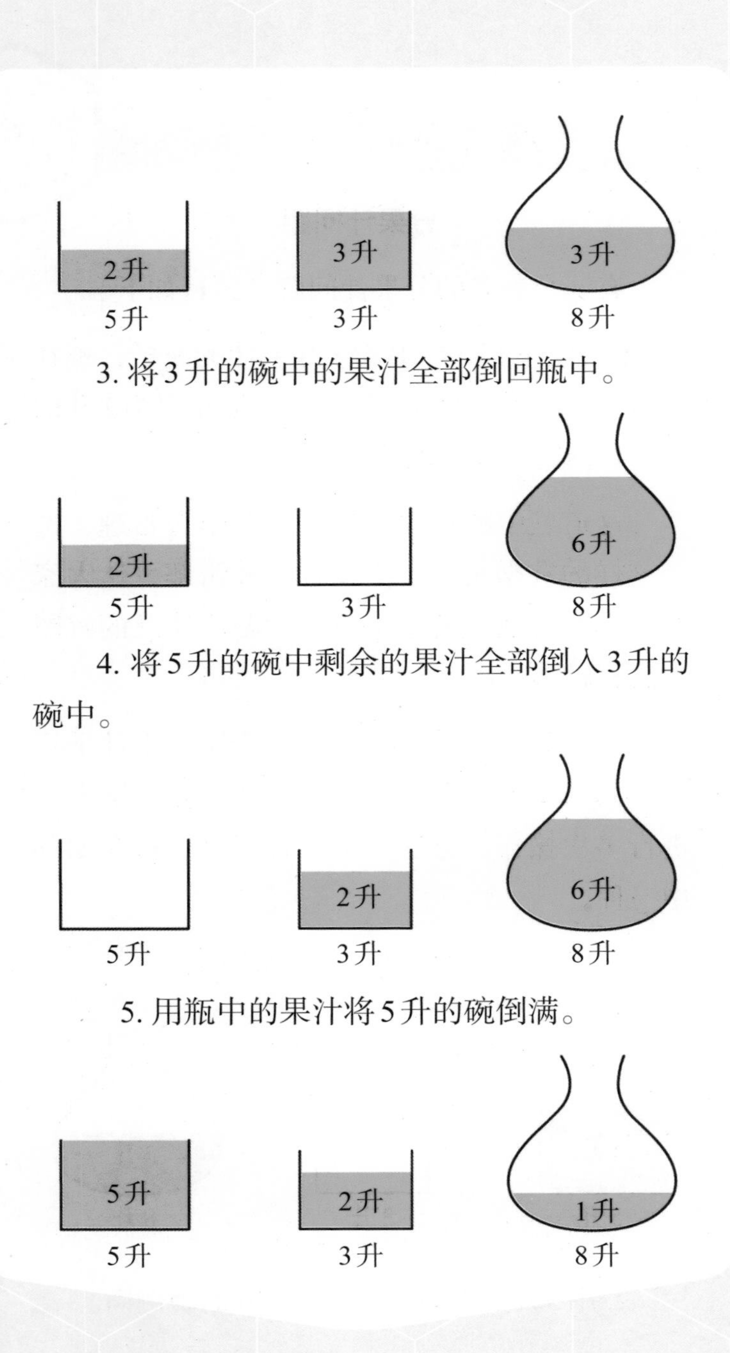

3. 将3升的碗中的果汁全部倒回瓶中。

4. 将5升的碗中剩余的果汁全部倒入3升的碗中。

5. 用瓶中的果汁将5升的碗倒满。

6. 用5升的碗中的果汁将3升的碗倒满。

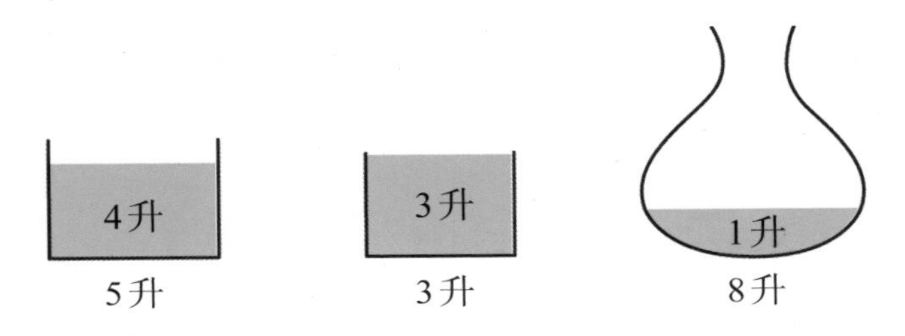

7. 将3升的碗中的果汁全部倒回瓶中。

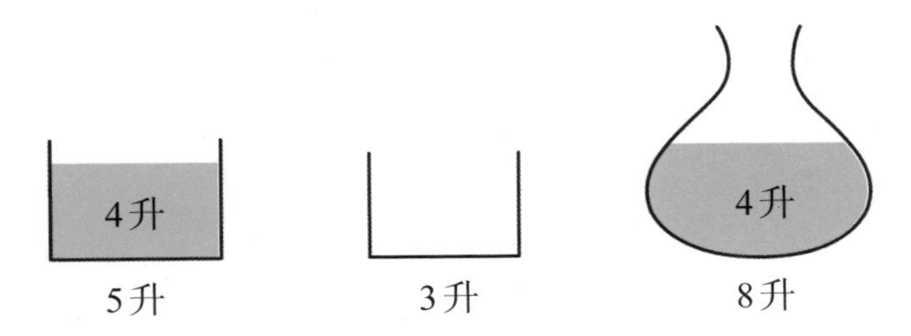

专题 5

寻找爱因斯坦“加法”

加法是一种约定，因而爱因斯坦定义了一种新加法。和普通加法一样，爱因斯坦加法也要满足交换律。本专题将用算式表示一种名为“小可爱”的加法，即，1加1等于小可爱，2加2等于小可爱……另外，你将像玩拼图一样，逐步解决“戴面具”的乘法问题。最后的视频课还将展示用图形计算乘法的方法。总之，你会发现，枯燥乏味的运算也可以通过图形来进行，就像游戏一样充满了乐趣。

这次的主题是什么？
爱因斯坦加法！
爱因斯坦定义了一种新加法，快去看看吧！
爱因斯坦不是科学家吗？
前往1904年的瑞士伯尔尼！
瑞士伯尔尼
那个人就是爱因斯坦！
去要个签名吧！
您好！
请给我一份冰沙！
这么长的吸管怎么喝？
饮料来啦！
呃，好累……
我的研究需要一种新加法。
啊，博士，您需要的是什么样的加法呢？
抓小偷！
咖啡馆
床怪！快变成滑板车！

谢谢！
站住！
嘿！
扔过去——
哎哟！
哐！
柯马真棒！
鼓掌
欢呼
柯马，你用到了伽利略的速度加法啊！
那是什么呀？
假设滑板车的速度是30千米/时，在静止状态下，你扔出的苹果速度是40千米/时，那么，你骑着滑板车扔出的苹果速度是30 + 40 = 70（千米/时），这就是伽利略速度加法公式。
因为边跑边扔，苹果的速度变大了，所以小偷一下子就被砸晕了？
刚才博士说需要一种新加法，是吧？
是的。
我也知道一种新的加法！

1加1等于小可爱，
2加2等于小可爱，
3加3等于小可爱。

边唱边跳！

4加4等于小可爱，
5加5等于小可爱，
6加6等于小可爱。

边唱边跳！

边唱边跳！

太好了！柯马，谢谢你。我需要的就是这种加法。光速加上任何速度，还是光速。假设光速为1，把某种速度设为□，那么1加□，还是1。我需要的就是这种加法！

嗯……

勤奋

完成了，新加法就记作“⊕”。这样两个速度□和△用新加法计算，就定义为□⊕△ ＝（□ ＋ △） ÷（1 ＋ □ × △），由此可得1⊕△ ＝（1 ＋ △） ÷ （1 ＋ 1×△） ＝ （1 ＋ △） ÷ （1 ＋ △） ＝ 1。完美！

谢谢！

勤奋

《相对论》

——爱因斯坦（1905年）

独家报道！

爱因斯坦的新加法

加法是一种约定！

我的天哪！我们亲眼见证了爱因斯坦加法的诞生。

这种体验太棒了。可是，加法可以这样随意定义吗？

加法只是一种约定而已。如果约定的内容不同，就会产生不同的加法，但新的加法也必须满足交换律。在爱因斯坦加法中，□⊕△ = △⊕□，交换律也是成立的，所以爱因斯坦加法的算式是成立的。

小可爱加法也可以用算式表示吗？

当然了。我们将小可爱加法记作♡，小可爱加法的算式如下：

□♡□ =（□ − 1）×（□ − 2）×（□ − 3）×（□ − 4）×（□ − 5）×（□ − 6）+ 小可爱，（□ = 1, 2, 3, 4, 5, 6）

啊！我开玩笑的……只要一提到数学，数钟就好认真啊！

数钟，你真厉害！

把1代入□试试。

1♡1 =（1 − 1）×（1 − 2）×（1 − 3）×（1 − 4）×

（1－5）×（1－6）+小可爱。算出来的话……

1－1＝0，某个数乘0的话，乘积总是0，所以（1－1）×（1－2）×（1－3）×（1－4）×（1－5）×（1－6）＝0，所以变成了1♡1＝小可爱。按顺序依次把2，3，4，5，6代入□，最后结果也是小可爱。不信你自己算算看！

还真是呢。1－1＝0，可得1♡1＝小可爱；2－2＝0，可得2♡2＝小可爱；3－3＝0，可得3♡3＝小可爱；4－4＝0，可得4♡4＝小可爱；5－5＝0，可得5♡5＝小可爱；6－6＝0，可得6♡6＝小可爱。可以这样一直做小可爱加法啊。

真好玩。

星☆光

星☆光

星☆光 星☆光

星☆光 星☆光 星☆光

星☆光 星☆光 星☆光 星☆光 星☆光

星☆光 星☆光 星☆光 星☆光

星☆光 星☆光

星☆光 星☆光 星☆光

星☆光　　　　星☆光

星☆光　　　　星☆光

星光最先向我们袭来。

也许无法比光更快，

因此我们称之为光速，

抓也抓不住，所以只好望着夜空。

“戴面具”的运算

如何求解图文算式?

这次给大家介绍一种有趣的运算吧。

是什么呀?

“戴面具”的运算，也就是图文算式。请看下面这道题。

$$\begin{array}{r} ☆\ ♡ \\ \times\quad\ 7 \\ \hline ◇\ ♡\ ♡ \end{array}$$

啊，算这个?

这是什么啊? 除了7，其他不都是图案吗?

就是要求出这些图案所代表的数。

好难啊……

就像要猜蒙面人是谁一样，所以叫作“戴面具”的运算。

我完全没有头绪。

这里最重要的提示就是♡和7乘积的个位数也是♡，所以我们可以把0到9依次代入♡进行计算。

我来试试吧。

$$0\times7=0$$
$$1\times7=7$$
$$2\times7=14$$
$$3\times7=21$$
$$4\times7=28$$
$$5\times7=35$$
$$6\times7=42$$
$$7\times7=49$$
$$8\times7=56$$
$$9\times7=63$$

当♡为5时，♡和7乘积的个位数为♡。

没错。所以♡就是5，这道题就会变成如下算式：

$$\begin{array}{rrr} & ☆ & 5 \\ \times & & 7 \\ \hline ◇ & 5 & 5 \end{array}$$

☆和◇怎么求?

由于$5\times7=35$，十位上的3也就是30。

☆是十位上的数，而◇是百位上的数，可列式$7\times ☆ \times10+30=◇\times100+50$。将等式两边同时除以10，然后减3，可得如下等式：

$$7\times ☆ +3= ◇ \times 10+5$$
$$7\times ☆ = ◇ \times 10+2$$

这里不难。

现在只要在7的乘法口诀中，找出个位数为2的算式就可以了。

那就是$7\times 6=42$。

啊哈！那么☆就是6。

没错，◇是4。

揭开面具之后，这就是一个简单的算式！

$$\begin{array}{r} 65 \\ \times\quad 7 \\ \hline 455 \end{array}$$

⋙ 概念整理自测题

1. 利用爱因斯坦加法求$10 \oplus 0$。

2. 现有一种新加法被定义为$\square ⓝ \triangle = \square + \triangle + \square \times \triangle$，求$3ⓝ2$。

3. 求以下“戴面具”的运算中A和B的值。

$$\begin{array}{r} B\ A \\ \times\quad A \\ \hline 1\ B\ 5 \end{array}$$

※ 自测题答案参考119页。

利用图形计算乘法

下面有一个乘法运算：

$$13 \times 13$$

我们可以用下图解题。

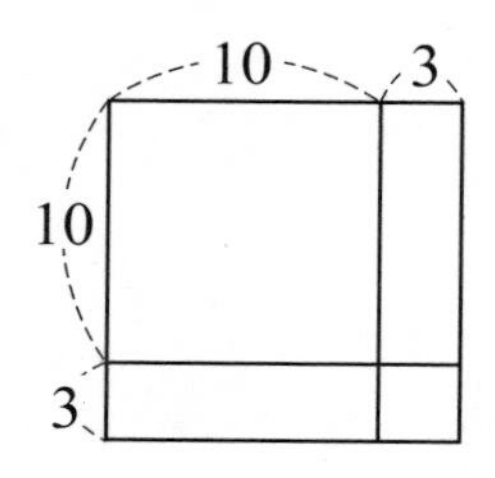

$$\begin{aligned} & 13 \times 13 \\ = & 100 + 30 + 30 + 9 \\ = & 169 \end{aligned}$$

那么下式又该如何用图形计算呢?

$$13 \times 7$$

请看下图。

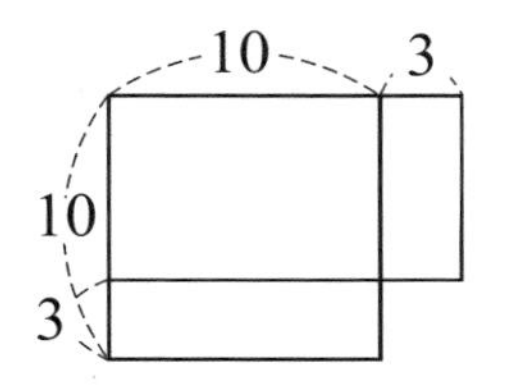

由该图可推导出如下关系：

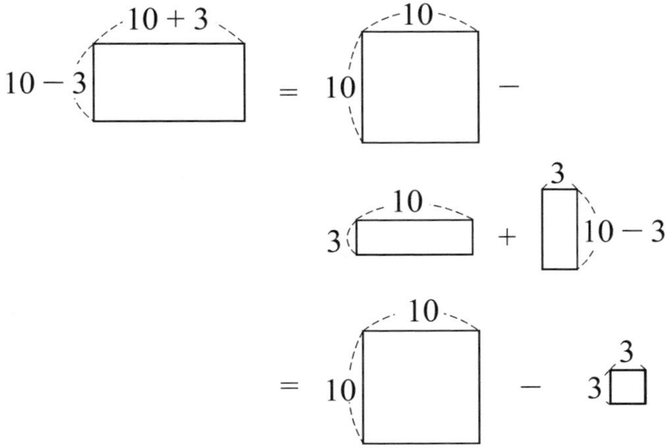

10 + 3
10 − 3 = 10 10 −

10
3 + 3 10 − 3

10
= 10 − 3 3

因此，上图可以用如下算式表示：

$$
\begin{aligned}
& 13 \times 7 \\
= & (10 + 3) \times (10 - 3) \\
= & 10 \times 10 - 3 \times 3 \\
= & 91
\end{aligned}
$$

扫一扫前勒口二维码，立即观看郑教授的视频课吧！

专题 6

整数王国

本专题将介绍正整数、负整数和0，以及它们的运算。整数由正整数、负整数和0组成。正整数去掉正号后的数越大，这个数本身就越大；而负整数去掉负号后的数越小，这个数本身就越大。另外，本专题还介绍了数学中0不能做除数的原因，以及任何数乘0都等于0。

这次我想讲整数的故事，你们准备好了吗？
整数？我只知道自然数……
先去数学漫画世界看看吧！
整数王国
正鼻城
负鼻城
我们也来跳舞吧？
你好呀，老弟！
大哥，您好！
老弟你也来了？
大哥！
来了？
大哥！
大哥好。
老弟你来了呀。
带带我吧。
你没有鼻子吗？
不行。
没有鼻子可不行！
呜呜……
一、二！
一、二！
那就满足你的愿望。
整数之神
神啊！请赐给我一个鼻子吧！这样我才能交到朋友。

正鼻城
负鼻城
烈日当空！
加法 机器
跳！
跳！
加法 机器
加法 机器
呀！
哇！
嗖
加法 机器
嗖
哔！
我有朋友了！
给你建一座0之城！
0之城
那我岂不是最小的了？
现在我是负鼻族之王！

整数族的故事

十、一以及0的故事

这也是一次有趣的旅行！

我对正鼻族、负鼻族和0还是不太了解，你再跟我说说。

我先来简单介绍一下整数。比3小1的数是几？

比3小1的数是2。

没错，盘子里有3个饺子，吃掉1个，就只剩2个了，3 － 1 = 2，所以比3小1的数是2。比2小1的数是几？

2 － 1 = 1，所以是1。

比1小1的数是几？

1 － 1 = 0，所以是0吧？

那比0小1的数是几？

还有比0小1的数吗？盘子里有0个饺子，怎么能再吃1个呢？

数学家们喜欢创造新的数。他们把比0小1的数写作“－1”，读作“负一”。同样，比－1小1的数写作“－2”，读作“负二”。

就是出现在数学漫画里的负鼻族啊。

正鼻族的鼻子上不是有 + 吗？

数学家们约定，像1，2，3，4这样的正整数本来是 + 1，+ 2，+ 3，+ 4，只不过“ + ”可以省略。

啊哈，原来正鼻族可以去掉鼻子啊！

对。在数学漫画中，鼻子上的“ + ”和“ − ”分别被称为正号和负号。当一个数带有正号时，正号可以省略；而带有负号时，负号不能省略。

像 + 1，+ 2，+ 3这样，带正号的整数称为正整数，正号可以省略；像 − 1，− 2，− 3这样，带负号的整数称为负整数，负号不能省略。

正整数和负整数合起来就叫整数吧？

不，少了一个。

你说的是0吗？

嗯。0既不属于正鼻族也不属于负鼻族，对不对？数学家们认为0是一个既不是正整数，也不是负整数的整数，所以整数分为正整数、0、负整数。整数也是有理数。

负整数用在哪里？

可以用在收支记录上。比如，爸爸给了我100元零花钱，我用30元买了书。对于我来说，100元零花钱是收入，所以写作“+100”；买书用的30元是支出，所以写作“−30”。

啊哈！原来得到的钱用正整数表示，花费的钱用负整数表示。

没错。如果一分钱都没有，想买10元的笔记本该怎么办呢？

得向朋友借10元。

没错，但借的钱以后是要还的，所以要在记录本上写上“−10”。

还有其他的例子吗？

看一下温度计。温度计上有显示0℃的刻度。0℃是标准大气压下冰水混合物的温度。温度高于0℃的时候叫“零上”，低于0℃的时候叫“零下”，所以零上25摄氏度记作“+25℃”，一般情况下“+”

可省略不写，零下5摄氏度记作“－5℃”。

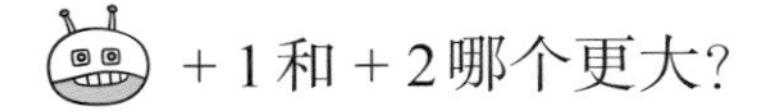

+1和+2哪个更大?

+1是1，+2是2，所以+2更大。

对正整数来说，去掉正号后的数越大，这个数就越大。

所以+1才叫+2为大哥啊!

负鼻族中，－2称－1为哥哥，这是为什么呢?

－1℃和－2℃，哪个温度更高?

－1℃的温度更高。

由此可见－1比－2大。对负整数来说，去掉符号后的数越小，这个数本身就越大。

整数的加法

正整数和负整数如何相加?

在数学漫画中，正鼻族的+1和负鼻族的－1进入加法机器后，最终为什么会变成0呢?

要想知道原因，就要学会整数的加法。2+3等于多少?

$2+3=5$。

$2=+2$和$3=+3$，把所有的数字都加上符号试试。$(+2)+(+3)=+5$，对吧？这就是两个正整数的加法。我们来看这个加法的结果，符号变成了两个加数的共同符号“+”，然后把“+”号都去掉，可得$2+3=5$。这就是正整数和正整数的加法。

那么负整数和负整数相加呢，是不是很难？

负整数可以比作借来的钱，跟别人借的钱叫作“债”。比如，小华先向朋友小迪借了2元钱，此时小华拥有的2元就是债，所以小华欠的债应该写成“-2”；然后，小华又向另一个朋友妮妮借了3元，这3元也是债，用整数表示就是“-3”。这样小华总共借了5元。也就是说，小华所欠的债可以用“-5”表示，用算式表示就是$(-2)+(-3)=-5$。重新整理如下：

欠小迪的债 + 欠妮妮的债 = 小华所欠的债

$$(-2)+(-3)=-5$$

啊哈！债加上债，债就会更多，这就是负整数和负整数的加法。

这次我们来讲解一下两个符号不同的整数的加法。比如$(+3)+(-2)$，我们可以把正整数看作赚的钱，负整数看作花的钱。假设小华的零用钱是3元，她在社区的文具店花2元买了一本漂亮的笔记本，那么小华还剩多少钱？

当然剩1元了。

3 − 2 = 1，对不对？这里要记住一点，小华买笔记本的钱是花的钱。因此，这个2元可以用“ − 2”表示。把小华已有的零用钱和她花的钱加起来，表示如下：

零用钱 + 买笔记本花的钱 = 小华现在拥有的钱

$$(+3)+(-2)=+1$$

这里的 + 1是3和2的差。也就是说，两个加数去掉符号后的差。因此，符号不同的两个整数相加时，就是计算两数去掉符号后的差。而差的前面用正号还是负号，取决于去掉正负号后较大的那个数的符号。那么，现在计算一下 $(-3)+(+2)$ 的结果吧。

两数去掉符号后的差是1，去掉符号后较大数的符号是“ − ”，所以 $(-3)+(+2)=-1$。

哇，柯马太棒了！

这样两数相加的结果也有可能是0吗？

当然了。当两数符号相反，去掉符号后两数相同时，比如（-3）+（$+3$），因为去掉符号后没有较大的数，所以不加符号。因此（-3）+（$+3$）= 0。

啊哈！所以加法机器才造就了0的朋友们！

3个以上的整数也可以这样计算。

怎么做？

比如（-1）+（$+2$）+（-3），先计算（-1）+（$+2$）。

（-1）+（$+2$）= $+1$。

所以（-1）+（$+2$）+（-3）=（$+1$）+（-3）= -2。

我原以为这是个非常难的问题，但这样一步步算下来也不是很难。

没错。

减法体验中心
这里是哪里？
不是整数族的村子吗？
减法体验中心是了解整数减法的地方。
减法体验中心
嗖
哔哔
欢迎来到减法体验中心。
哔哔
+3和−2，你们想要什么样的减法？
我想从+3中减去−2。
直接从3中减去2不就行了吗？
不行！它要减去的是−2。
先看看吧！
哔哔
+3从左边的门进去，−2从右边的门进去。
鼻同
鼻变
哔哔

鼻同
鼻变
嚓
嗖
鼻同
什么都没有啊，先出去吧！
鼻变
哦？！
我的鼻子变了！
叮！
我的鼻子还是老样子，你的却变了！
鼻变
进入鼻同房间后鼻子不变，而进入鼻变房间后鼻子就变了！
是加法机器！
嗖
加法
机器
嗖
叮
我就是（+3）－（−2）的结果！
明明做的是减法，结果反而变大了！
是啊！

整数的减法

正整数和负整数如何相减？

整数做减法时，为什么一个鼻子变了，一个鼻子没变？

这是因为，我们约定做整数减法时，改变减数的符号并做加法。

嗯？我不太理解啊……

4－3是多少？

4－3＝1。

我们加上符号，就会变成（＋4）－（＋3）＝＋1。这里的减数是＋3吧？如果把＋3的符号换一下，然后做加法，就是（＋4）+（－3）＝＋1，对不对？

啊哈！跟刚才的结果一样。

再来看一个例子。（－2）－（－5）这个式子，减数是－5，换一下－5的符号就是＋5，可得（－2）－（－5）＝（－2）+（＋5）＝＋3，可以理解吗？

啊哈！所以减数进入鼻变房间后换了鼻子啊。

整数的减法有什么意义呢？

参照减法的概念就行。比如，柯马你有10元钱，买东西花掉2元，还剩8元。用式子表示，就是$8=10-2$。

那$0-2$有什么意义呢？0代表什么都没有，怎么能减去2呢？

$0-2$就表示只有0元钱，买东西花掉2元钱，剩下多少钱的问题。0元怎么买东西？想想爸爸妈妈的信用卡。用信用卡买东西，只要在约定的时间内把钱还清即可。所以用信用卡买东西就意味着负债，也就是说$0-2$意味着2元的债。就是-2对吧？即，$0-2=-2$这个式子成立。

如果加上符号的话，就会变成$0-(+2)=-2$，仔细观察，也可以转换成$0+(-2)=-2$。因为之前已经说过整数的减法是减数改变符号后做加法。

哇，柯马，不错啊！

那$(-5)-(-2)$有什么意义？

(-5)意味着你有5元的债。然而，借你钱的人表示5元债中有2元不用还，这样就少了2元的债，剩下的债就变成了3元。债减少了，就是减去负整数。将这一结果写成算式，就是$(-5)-(-2)=-3$。

这也可以用另一种方式进行计算。之前说过，整数相减时，先改变减数的符号，再做加法，对吧？这样就是 $(-5)-(-2)=(-5)+(+2)=-3$。

太好了，柯马！你现在好像已经对数学充满了自信！

概念整理自测题

1. 计算以下式子。

$(-11)+(-19)$

2. 计算以下式子。

$(-27)+(+15)$

3. 计算以下式子。

$(-13)+(+13)$

※ 自测题答案参考121页。

乘除法中0的问题

1. 在数学中，0不能做除数的原因

在数学中，0不能做任何数的除数。也就是说，任何数除以0的商都是没有意义的。让我们来看看这是为什么吧。

假设0可以做除数，在$2\times0=0$这个式子中，两边同时除以0，则有

$$2\times0\div0=0\div0$$

我们知道，一个数除以它本身等于1。但如果$0\div0=1$，则有$2=1$，等式显然不成立，故在数学中0不能做除数。

2. 任何数与0的乘积是0的原因

我们来看一下，为什么任何数与0的乘积都是0。设a，b为任何数，

$$a\times0=0$$

某数减去自身得0，即$0=b-b$。

将其代入$a\times0$，可得

$$a\times0=a\times(b-b)$$

根据乘法分配律，上式可转化为

$$a \times 0 = a \times b - a \times b$$

等式右边为$a \times b$减去$a \times b$，故结果为0。因此，$a \times 0 = 0$。

扫一扫前勒口二维码，立即观看郑教授的视频课吧！

专题 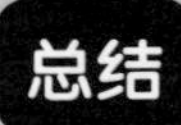

附 录

|数学家的来信|

爱因斯坦

(Albert Einstein)

大家好，很高兴见到你们。我是爱因斯坦（Albert Einstein，1879—1955），出生在德国。小时候的我并不聪明，都4岁了还不能流畅地说话。不过当时的我非常喜欢小提琴，5岁就能演奏了。

平凡的我为什么会喜欢上科学呢？那是因为在我5岁时，爸爸送了我一个指南针。我拿着指南针到处走，指南针就像知道自己的使命一样，指针总是转到固定的方向。这对我来说，充满了神秘感。因此，我几乎每天都会玩指南针，而且很好奇指南针为什么总是指向同一个方向。尽管当时的我没能发现指南针的秘密，但我第一次感到自己对自然抱有强烈的好奇心。从那个时候起，我就开始喜欢科学了。

读中学期间，我非常喜欢数学和物理，但不太喜欢其他科目。当时，我产生了一个改变我命运的疑问——若我手持镜子以光速飞行，此时照镜子能否看见镜中的自己？我们知道，在静止状态下照镜子时，照在我脸上的光会射向镜子，光经过镜子的反射后映入我的眼睛，这样我就能看到镜子里自己的样子了。那么手持镜子以光速飞行又会发生什么呢？根据牛顿力学，我在镜子里应该看不到自己。原因很简单——照在我脸上的光射向镜子时，我和镜子都在以同样的速度移动，就像坐在公路上行驶的汽车里，看到旁边有车以相同的速度同向行驶时，它们看起来好像是在原地静止不动的。同样，如果我手持镜子以光速飞行，就会看到光静止不动。所以，镜子无法反射光，光就无法映入我的眼睛，我也就看不到镜子里的自己了。对于这个问题，我思考了很久，认为它存在一定的问题。但是根据我所熟知的牛顿力学，镜子里就是看不到自己的。因此我在想，是遵循牛顿力学，还是创造新的理论。

高中时，我因病退学了。病愈后，我参加了瑞士联邦理工学院的入学考试，但不幸落榜了。之后，我在瑞士的高中学习了一年，然后重新考试，进入该学院的物理系。1902年，我因家境困难而无法继续学习，于是进入瑞士伯尔尼专利局担任公务员。在这个时期，我每天白天工作，晚上都在研究物理学，还和朋友们成立了一个名叫“奥林匹亚学院”的小社团，每周一次，共同讨论物理学。

1905年，我发表了震惊世界的关于狭义相对论的论文，也终于为我16岁时感到苦恼的镜子问题画上了一个句号。当我手持镜子以光速飞行时，即使我和光的速度已经相同，光也不会停止。即，无论光相对于观察者处于静止还是运动状态，它都要以恒定的速度运动。而根据牛顿力学，在运动状态下：如果看到同向运动的物体，该物体看起来会变慢；如果与该物体速度相同，它看起来就会是静止的。

因此，我决定改变大家所熟知的速度加法，创造一种名为“爱因斯坦加法”的新加法。即，适用于高速运动物体（如光）的速度加法理论，也就是著名的狭义相对论。

|论文|

关于偶数和奇数加法的三个定理

李基秀，2024年（玩相小学）

摘要

本文对偶数和奇数加法的一般性结果进行研究。

1. 绪论

自然数可分为偶数和奇数，这取决于它们能否被2整除。关于自然数的规律，古希腊时期的毕达哥拉斯学派进行了大量研究。这些数之间的规律性结论后来由欧几里得进行了总结整理。本研究旨在揭示偶数和奇数加法的一般性规律。

2. 偶数和奇数加法的研究

偶数和奇数的加法具有以下性质：

奇数 + 奇数 = 偶数

奇数 + 偶数 = 奇数

偶数 + 偶数 = 偶数

比如，3 + 7 = 10，3和7均为奇数，两个奇数之和为10，是偶数；再比如，3 + 10 = 13，3是奇数，10是偶数，两个数之和为13，是奇数。因此，以下三个定理成立。

[定理1] 任意两个奇数之和为偶数。

[证明] 任意奇数可记作$2k+1$，在这里，我们约定2和任意自然数k的乘积可记作

$$2\times k=2k$$

而1和任意自然数k的乘积可记作

$$1\times k=k$$

任意两个奇数可记作

$$2k+1\ (k=0,\ 1,\ 2,\ 3,\ 4,\ \cdots)$$
$$2n+1\ (n=0,\ 1,\ 2,\ 3,\ 4,\ \cdots)$$

之所以一个用k，另一个用n，是因为任意两个奇数可能是不同的奇数。这样用一般式表示两个奇数时，要使用不同的字母。

现在将两个奇数相加，得到

$$\begin{aligned}&\text{两个奇数之和}\\&=(2k+1)+(2n+1)\\&=2k+2n+2\end{aligned}$$

显然$2=2\times 1$，故加上乘号可得

$$\text{两个奇数之和}=2\times k+2\times n+2\times 1$$

根据乘法分配律可得

$$两个奇数之和 = 2(k+n+1)$$

式中的$k+n+1$为自然数，因此两个奇数之和为某个自然数的2倍，即偶数。

因此，任意两个奇数之和为偶数。

[定理2] 任意奇数与偶数之和为奇数。

[证明] 有任意奇数$2k+1$（$k=0$，1，2，3，4，…）、任意偶数$2n$（$n=1$，2，3，4，…），它们的和为

$$2k+1+2n=2(k+n)+1$$

因为$k+n$为自然数，所以$2(k+n)+1$一定为奇数。

因此任意奇数与偶数之和为奇数。

[定理3] 任意两个偶数之和为偶数。

[证明] 有任意两个偶数分别如下：

$$2n\ (n=1，2，3，4，\cdots)$$
$$2m\ (m=1，2，3，4，\cdots)$$

此时，两个偶数之和为

$$2n+2m=2(n+m)$$

由于$n+m$为自然数，因此任意两个偶数之和为

偶数。

3. 结论

本研究将任意偶数和任意奇数写成一般式，证明了任意两个奇数之和为偶数、任意奇数与偶数之和为奇数，以及任意两个偶数之和为偶数三个定理。

专题1　概念整理自测题答案

1. ukasar-ukasar-ukasar-ukasar。

2. 用埃及象形数字表示1 996，如下图所示。

3. 29 = 10 + 10 + 9，故为XXIX。

1. 1。

提示：将两数的个位数相乘即可。由于3和7乘积的个位数为1，因此283 × 337的积的个位数为1。

2. 奇数和奇数的乘积是奇数。

3. 余数是0。

走进数学的奇幻世界！

专题3　概念整理自测题答案

1. 4 580米。

提示：这道题的关键在于，柯马在离家450米和890米的地方之间走了两次。离家450米和890米的地方之间的距离为890 − 450 = 440（米），因此柯马实际行走的距离为3 700 + 440 × 2 = 4 580（米）。

2. 7 221。

提示：87和83的十位数相同，个位数之和为10。因此它们的积的前两位是十位数8和8 + 1的值——9的乘积，即72；后两位是个位数7和3的乘积，即21。

3. 8 832。

提示：92和96的十位数都是9。因此，先写出这两个数，以及它们与100的差，再用原数减去对角线方向上的数，求出结果的前两位。

$$92 \quad 96$$
$$8 \quad 4$$

$92-4=88$，$96-8=88$，结果相同。因此，乘积的前两位为88，结果的后两位为100与两数差的乘积$8\times4=32$。

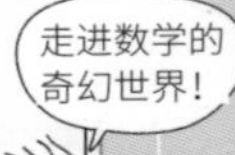

1. 7日。

提示：本题已知两个日期的和与差，可得两个星期六中前一个的日期 =（35 − 7）÷ 2 = 14，所以连续两个星期六的日期分别是14日和21日。因此这个月的第一个星期六是14日的前7天，也就是7日。

2. 97，98，99。

提示：先来看三个连续的自然数11，12，13，它们有如下性质。

以中间数12为基准，最小的数11比它小1，最大的数13比它大1。

把这三个数相加，则有11 + 12 + 13 =（12 − 1）+ 12 +（12 + 1）= 12 + 12 + 12 = 12 × 3。所以三个连续的自然数之和是中间数的3倍。

这道题目中，中间数的3倍是294，那么中间数 = 294 ÷ 3 = 98，所以这三个数为97，98，99。

3. 235 532。

提示：因为是回文数，所以第一位数字和最后一位数字相等。两者之和为4，即第一位数字和最后一位数字都是2，根据题干可得第二位数字为3，第三位数字为5。结合回文数的定义，可知答案为235 532。

1. 10。

提示：爱因斯坦加法的定义是□⊕△ =（□ + △）÷（1 + □ × △），因此10⊕0 =（10 + 0）÷（1 + 10 × 0）= 10 ÷ 1 = 10。

2. 11。

提示：3ⓝ2 = 3 + 2 + 3 × 2 = 11。

3. $A = 5$，$B = 2$。

提示：相同两数A相乘时，个位数为5的对应算式只有5 × 5 = 25。

$$\begin{array}{r} B\ 5 \\ \times\quad 5 \\ \hline 1\ B\ 5 \end{array}$$

由于5 × 5 = 25，因此向前一位进2，即20。故有$5 \times B \times 10 + 20 = 1 \times 100 + B \times 10$。

等式两边除以10，则有$5 \times B + 2 = 1 \times 10 + B$；等式两边再减去$B$，则有$4 \times B + 2 = 10$；等式两边继续减去2，则有$4 \times B = 8$，所以$B$为2。

$$\begin{array}{r} 2\ 5 \\ \times \quad\ \ 5 \\ \hline 1\ 2\ 5 \end{array}$$

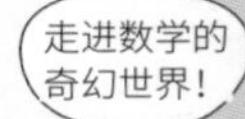

专题6　概念整理自测题答案

1. -30。

提示：$(-11)+(-19)=-30$。

2. -12。

提示：$(-27)+(+15)=-12$。

3. 0。

提示：$(-13)+(+13)=0$。

术语解释

0

0既不属于正整数，也不属于负整数。0可以用来表示“空”或什么都没有，还可以用来表示起点或基准点。它被认为是对人类文明发展影响最大的数字之一。在阿拉伯数字中，相比1到9，0的出现稍晚一些。

爱因斯坦

爱因斯坦（Albert Einstein，1879—1955），物理学家。在物理学多个领域均有重要贡献。1905年建立了狭义相对论。狭义相对论总结了他对时间、空间和光的观点。这是一种时间和空间会根据观察者的不同状态而发生改变的理论，简单来说，就是状态不同，观察者感受到的时间也不同。在1905年，爱因斯坦发表了数篇意义非凡的论文，因此科学界将1905年称为“爱因斯坦奇迹年”。1916年，他又提出了广义相对论，这是对狭义相对论的发展。相对论的观念和方法对理论物理学的发展有极深刻的影

术语解释

响。爱因斯坦还提出了光的量子概念，并用量子理论解释了光电效应等。因为理论物理学方面的贡献，特别是发现了光电效应定律，他于1921年获得了诺贝尔物理学奖。

乘法分配律

两个数的和与一个数相乘，可以先把它们与这个数分别相乘，再相加。

乘法交换律

两个数相乘，交换乘数的位置，积不变。

分解质因数

将一个自然数用质数的乘积来表示，就是分解质因数。

负整数

正整数前加上“–”的数被称为负整数。在负整数中，去掉符号后数越小，原数就越大。

术语解释

回文和回文数

无论正着读还是倒着读，结果都一样的单词、句子或数字都被称为“回文”（palindrome），其中符合回文规律的数字叫作回文数。英文单词“eye”，中文“上海自来水来自海上”“蜜蜂酿蜂蜜”等都是回文；20 200 202，12 321 等是回文数。

加法交换律

两个数相加，交换加数的位置，和不变。

罗马数字

古罗马人使用的罗马数字如下：

1 = I

5 = V

10 = X

50 = L

100 = C

500 = D

1 000 = M

术语解释

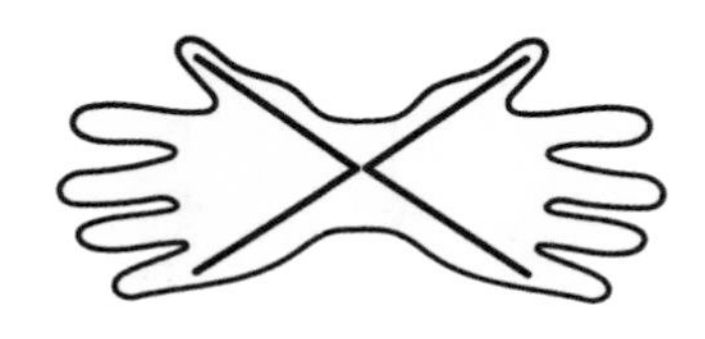

偶数

整数中，是2的倍数的数叫作偶数。

奇数

整数中，不是2的倍数的数叫作奇数。

十进制计数法

每相邻两个计数单位之间的进率都是十的计数方法叫作十进制计数法。十进制数的每个数位上的数都是从0到9中的数字。在十进制计数法中，每升高一个数位，数位的值就增大10倍。在各种数制中，十进制之所以流传下来，可能是因为人类有10根手指——古人主要用手指和脚趾来计数。

术语解释

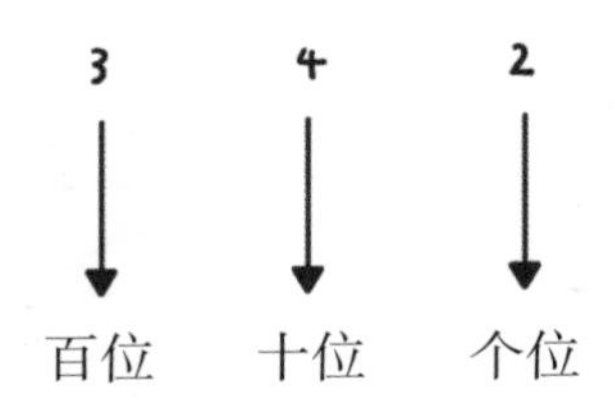

图文算式

图文算式是指在某个算式中，用□、△、☆等图示代替数字来求解算式。这不仅要求我们有运算的直觉，还要具备数字推理能力。

象形数字

古埃及人在公元前3400年左右创造并开始使用象形数字。它也是人类历史上已知的古老的记数方法之一。

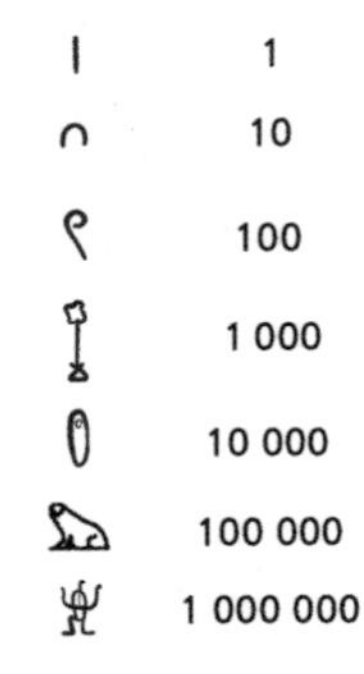

术语解释

1	|
2	||
3	|||
4	||||
5	|||||
6	||||||
7	|||||||
8	||||||||
9	|||||||||

伊塞伍德骨

20世纪50年代在非洲刚果的伊塞伍德地区发现的史前时代的遗物。据推测，这是距今约2万年前的东西，由于在伊塞伍德地区被发现，因此被命名为“伊塞伍德骨”（Isango bone）。骨头上的刻痕表明，在没有数字的时代，人们可能是通过这种方式来计数的，但也有人认为这些刻痕是日历。

尽管有多种解释，但我们可以肯定的是，这些刻痕具有某种含义，而且通常被认为是人类在没有数字的时代设法计数的证据。

术语解释

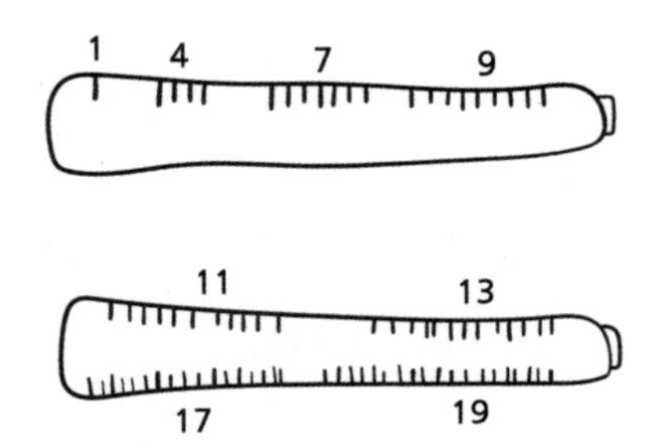

整数

整数是正整数、负整数和0的统称。

正整数

像1，2，3，4，5，6，7，8，9，…这样的非0自然数，称为正整数。在正整数中，去掉符号后数越大，原数就越大。

自然数

自然数是指0和大于0的整数。表示物体个数的1，2，3，4，5，6，7，8，9，10，11，…都是自然数。一个物体也没有，用0表示，0也是自然数。所有的自然数都是整数。